à Monsieur J. Chazy
Cordial hommage
H Vergne.

Fascicule XXXIV

MÉMORIAL

DES

SCIENCES MATHÉMATIQUES

PUBLIÉ SOUS LE PATRONAGE DE

L'ACADÉMIE DES SCIENCES DE PARIS,

DES ACADÉMIES DE BELGRADE, BRUXELLES, BUCAREST, COÏMBRE, CRACOVIE, KIEW, MADRID, PRAGUE, ROME, STOCKHOLM (FONDATION MITTAG-LEFFLER), ETC. DE LA SOCIÉTÉ MATHÉMATIQUE DE FRANCE, AVEC LA COLLABORATION DE NOMBREUX SAVANTS.

DIRECTEUR

Henri VILLAT

Correspondant de l'Académie des Sciences de Paris,
Professeur à la Sorbonne,
Directeur du « Journal de Mathématiques pures et appliquées ».

FASCICULE XXXIV

Ondes liquides de gravité

PAR M. H. VERGNE

PARIS

GAUTHIER-VILLARS ET Cie, ÉDITEURS

LIBRAIRES DU BUREAU DES LONGITUDES, DE L'ÉCOLE POLYTECHNIQUE,
Quai des Grands-Augustins, 55.

1928

MÉMORIAL

DES

SCIENCES MATHÉMATIQUES

PARIS. — IMPRIMERIE GAUTHIER-VILLARS ET Cie,
79181 Quai des Grands-Augustins, 55.

MÉMORIAL

DES

SCIENCES MATHÉMATIQUES

PUBLIÉ SOUS LE PATRONAGE DE

L'ACADÉMIE DES SCIENCES DE PARIS,

DES ACADÉMIES DE BELGRADE, BRUXELLES, BUCAREST, COÏMBRE, CRACOVIE, KIEW, MADRID, PRAGUE, ROME, STOCKHOLM (FONDATION MITTAG-LEFFLER), ETC., DE LA SOCIÉTÉ MATHÉMATIQUE DE FRANCE, AVEC LA COLLABORATION DE NOMBREUX SAVANTS.

DIRECTEUR :

Henri VILLAT

Correspondant de l'Académie des Sciences de Paris,
Professeur à la Sorbonne,
Directeur du « Journal de Mathématiques pures et appliquées. »

FASCICULE XXXIV

Ondes liquides de gravité

PAR M. H. VERGNE

PARIS

GAUTHIER-VILLARS ET Cie, ÉDITEURS

LIBRAIRES DU BUREAU DES LONGITUDES, DE L'ÉCOLE POLYTECHNIQUE

Quai des Grands-Augustins, 55.

1928

MÉMORIAL

DES

SCIENCES MATHÉMATIQUES

PUBLIÉ SOUS LE PATRONAGE DE

L'ACADÉMIE DES SCIENCES DE PARIS,

DES ACADÉMIES DE BELGRADE, BRUXELLES, BUCAREST, COÏMBRE, CRACOVIE, KIEW, MADRID, PRAGUE, ROME, STOCKHOLM (FONDATION MITTAG-LEFFLER), ETC., DE LA SOCIÉTÉ MATHÉMATIQUE DE FRANCE, AVEC LA COLLABORATION DE NOMBREUX SAVANTS.

DIRECTEUR :

Henri VILLAT

Correspondant de l'Académie des Sciences de Paris,
Professeur à la Sorbonne,
Directeur du « Journal de Mathématiques pures et appliquées. »

FASCICULE XXXIV

Ondes liquides de gravité

PAR M. H. VERGNE

PARIS

GAUTHIER-VILLARS ET Cie, ÉDITEURS

LIBRAIRES DU BUREAU DES LONGITUDES, DE L'ÉCOLE POLYTECHNIQUE

Quai des Grands-Augustins, 55.

1928

AVERTISSEMENT

La Bibliographie est placée à la fin du fascicule, immédiatement avant la Table des Matières.

ONDES LIQUIDES DE GRAVITÉ

Par M. H. VERGNE.

INTRODUCTION.

1. L'étude que nous avons en vue dans ce fascicule est celle des *petits* mouvements d'un liquide incompressible pesant, contenu dans un vase fixe, lorsque ces mouvements sont dus à des causes exclusivement superficielles (impulsions. ou émersion d'un corps solide). On sait qu'alors la vitesse (u, v, w) d'une particule fluide quelconque dérive à chaque instant d'une fonction φ dite *potentiel des vitesses*

$$u = \frac{\partial\varphi}{\partial x}, \qquad v = \frac{\partial\varphi}{\partial y}, \qquad w = \frac{\partial\varphi}{\partial z}.$$

Le problème consiste à déterminer cette fonction $\varphi(x, y, z, t)$ qui dépend évidemment des coordonnées x, y, z de chaque particule fluide et du temps t. Nous allons former les conditions auxquelles doit satisfaire φ, étant entendu que nous nous bornons au cas des *petites* oscillations, ce qui nous permettra de négliger les carrés et produits des déplacements et des vitesses et de remplacer, le cas échéant, dans certaines fonctions, des coordonnées un peu variables par des coordonnées fixes.

Nous prendrons toujours les axes de coordonnées rectangulaires, le plan xOy étant confondu avec le plan horizontal de la surface libre au repos, l'axe Oz vertical dirigé vers le *bas* (*fig.* 1). Nous désignerons la surface libre par S, les parois du vase par Σ.

Le fluide étant incompressible, la condition de conservation du volume (équation de continuité) donne l'équation *indéfinie*

$$(1) \qquad \Delta\varphi = \frac{\partial^2\varphi}{\partial x^2} + \frac{\partial^2\varphi}{\partial y^2} + \frac{\partial^2\varphi}{\partial z^2} = 0;$$

la fonction φ, en tant que fonction de x, y, z, est donc harmonique à toute époque.

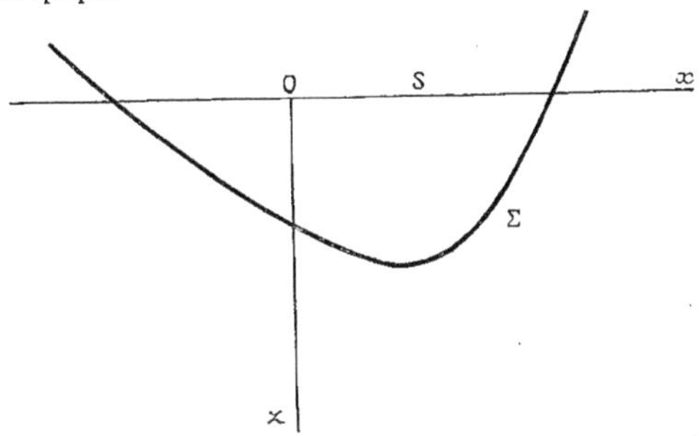

Comme conditions « aux limites », nous devons d'abord écrire qu'en tout point de la paroi Σ la composante normale de la vitesse est nulle, ce qui se traduit par

$$\frac{d\varphi}{dn} = 0 \qquad (\text{sur } \Sigma), \tag{2}$$

$\frac{d}{dn}$ désignant une dérivée prise suivant la normale.

Nous avons ensuite à écrire la condition à la surface libre S. Des équations de l'Hydrodynamique (équations d'Euler), on déduit immédiatement l'intégrale bien connue suivante (où p désigne la pression, ρ la densité du liquide et g l'intensité de la pesanteur)

$$\frac{p}{\rho} = gz - \frac{\partial\varphi}{\partial t} - \frac{1}{2}\left[\left(\frac{\partial\varphi}{\partial x}\right)^2 + \left(\frac{\partial\varphi}{\partial y}\right)^2 + \left(\frac{\partial\varphi}{\partial z}\right)^2\right],$$

intégrale qui, puisque nous négligeons les carrés des vitesses, se réduit à

$$\frac{p}{\rho} = gz - \frac{\partial\varphi}{\partial t}.$$

Afin de simplifier un peu les écritures ultérieures, nous supposerons toujours, dans ce qui suit, que l'on a choisi l'unité de longueur (ou celle de temps) de façon à rendre numériquement égale à 1 l'accélération g de la pesanteur. Faisant donc $g = 1$, nous écrivons

$$\frac{p}{\rho} = z - \frac{\partial\varphi}{\partial t}.$$

Cette équation est vérifiée à toute époque et en tous les points du fluide. L'action d'une pression constante, s'exerçant en tous les points d'un fluide, n'a aucune influence sur ses mouvements (la pression n'entre dans les équations de l'Hydrodynamique que par ses dérivées); nous pouvons donc faire abstraction de la pression atmosphérique qui s'exerce à la surface libre S et la regarder comme nulle [1]. Appelant alors h la dénivellation actuelle d'un point de la surface libre (comptée positivement vers le bas, comme z), la condition à cette surface libre pourra s'écrire

$$(2') \qquad h - \frac{\partial\varphi}{\partial t} = 0$$

ou, en dérivant par rapport à t,

$$\frac{\partial h}{\partial t} - \frac{\partial^2\varphi}{\partial t^2} = 0.$$

Comme d'ailleurs il s'agit de *petits* mouvements, $\frac{\partial h}{\partial t}$ peut être regardé comme étant la vitesse verticale $w = \frac{\partial\varphi}{\partial z}$ d'un point de la surface libre. L'équation

$$(3) \qquad \frac{\partial\varphi}{\partial z} - \frac{\partial^2\varphi}{\partial t^2} = 0 \qquad (\text{sur S, ou pour } z = 0)$$

est donc vérifiée à la surface libre; mais comme cette surface libre S diffère toujours très peu du plan $z = 0$, il est légitime de considérer cette condition « aux limites » comme vérifiée par la fonction φ sur le plan *fixe* $z = 0$.

2. L'équation indéfinie (1) et les conditions aux limites (2) et (3) ne déterminent pas complètement le potentiel des vitesses φ, car cette fonction dépend aussi du temps t. Pour achever de déterminer le problème, on peut se placer à deux points de vue bien différents.

Premier point de vue. — Se donnant les *conditions initiales*,

---

[1] Cela revient, si l'on veut, à ajouter à $\frac{\partial\varphi}{\partial t}$ la constante $-\frac{p_{\text{atm}}}{\rho}$, ce qui est évidemment permis puisque φ n'est déterminé qu'à une fonction arbitraire de t près.

c'est-à-dire les valeurs pour l'instant initial $t=0$, de la dénivellation h et de la vitesse des différents points de la surface libre, on cherchera à obtenir l'expression explicite de $\varphi(x, y, z, t)$ (par exemple, développée suivant les puissances de t), ce qui déterminera complètement le mouvement ultérieur du liquide. D'ailleurs, les conditions initiales que nous venons d'indiquer reviennent à se donner, pour $t=0$ et dans le plan $z=0$, les valeurs du potentiel des vitesses φ et de sa dérivée $\frac{\partial\varphi}{\partial t}$ par rapport au temps; les valeurs de $\frac{\partial\varphi}{\partial t}$ déterminent la dénivellation initiale [équation (2')], et les valeurs de φ déterminent le potentiel initial qui est une fonction harmonique dont la dérivée normale est nulle à la paroi; d'où les vitesses initiales.

On démontre que le problème ainsi posé est complètement déterminé, c'est-à-dire qu'il n'existe qu'une fonction φ satisfaisant aux conditions énoncées (1).

Cette méthode conduit à la solution complète du problème dans le cas d'un vase cylindrique vertical de *profondeur infinie*. En particulier, le cas d'un bassin indéfini, aussi bien dans le sens horizontal qu'en profondeur (parois infiniment éloignées), a été traité dans d'importants Mémoires de Cauchy, Poisson, M. Boussinesq, avec de larges développements. Mais dans le cas d'un vase de dimensions finies, à parois quelconques, la méthode tombe en défaut. Il est possible alors, comme l'a fait M. Hadamard, de recourir à une méthode différente pour mettre le problème en équation.

Second point de vue. — Sans se préoccuper de conditions initiales, on peut chercher à satisfaire aux conditions (1), (2) et (3) par des *solutions simples* de la forme

$$\varphi = \begin{matrix}\sin\\ \cos\end{matrix}\sqrt{k}\,t\,\Phi(x, y, z).$$

On obtiendra ainsi les différentes *oscillations propres harmoniques* du liquide dans le vase considéré, chacune d'elles étant caractérisée par une constante k (définissant la période) et par une ou plusieurs fonctions $\Phi(x, y, z)$ correspondantes.

Cette méthode, indiquée par M. Volterra, et suivie depuis par plusieurs auteurs, conviendra, au contraire de la précédente, aux vases de dimensions finies, et dans beaucoup de cas où les parois ont

(1) *Voir*, par exemple, J. Boussinesq [1] (note de la page 581).

une forme simple, on saura effectivement trouver toutes les oscillations propres.

D'ailleurs, une fois connues les oscillations propres, on pourra essayer de satisfaire à des conditions initiales données par une série de solutions simples. La difficulté sera alors en général de démontrer la légitimité du développement en série, qu'on ne saura établir rigoureusement que dans des cas particuliers.

Les Chapitres suivants sont consacrés au développement des deux points de vue que nous venons de signaler.

Il nous arrivera parfois de supposer que le mouvement s'effectue parallèlement à un plan vertical fixe (que nous prendrons alors pour plan des xz), de façon qu'aucune des fonctions du problème ne dépende de la coordonnée y : à chaque instant t, les phénomènes seront identiques dans tous les plans parallèles au plan des xz. Nous dirons alors que nous traitons le « problème plan » ou « problème à deux dimensions ». Ce cas, où l'on fait abstraction de la coordonnée y, est, naturellement, un peu plus simple que le cas général du problème à trois dimensions.

CHAPITRE I.

RECHERCHE DU POTENTIEL DES VITESSES CORRESPONDANT A DES CONDITIONS INITIALES DONNÉES.

3. **Remarque sur les conditions initiales. Ondes d'émersion. Ondes d'impulsion.** — Nous avons dit que les *conditions initiales*, au nombre de *deux*, consistent à se donner, pour $t = 0$ et $z = 0$, les valeurs initiales à la surface libre

$$\varphi = F(x, y), \qquad \frac{\partial \varphi}{\partial t} = f(x, y) \tag{4}$$

du potentiel des vitesses $\varphi(x, y, z, t)$ et de sa dérivée partielle par rapport au temps. Or, toutes les autres équations (1), (2), (3) du problème étant linéaires et homogènes en φ, il est évident qu'on peut *séparer* ces conditions initiales, c'est-à-dire déterminer séparément deux potentiels φ_1 et φ_2 satisfaisant aux conditions initiales suivantes :

$$(5)\quad \left\{\begin{array}{lll} (\text{pour } \varphi_1) : & \varphi_1 = 0, & \dfrac{\partial \varphi_1}{\partial t} = f(x, y) \\ (\text{pour } \varphi_2) : & \varphi_2 = F(x, y), & \dfrac{\partial \varphi_2}{\partial t} = 0 \end{array}\right\} \quad (\text{pour } t = 0 \text{ et } z = 0).$$

Le potentiel $\varphi = \varphi_1 + \varphi_2$ satisfera aux conditions initiales complètes (4).

Voyons à quoi correspondent les conditions initiales séparées (5). Le potentiel φ_1 étant initialement nul dans tout le liquide (fonction harmonique nulle à la surface, ayant sa dérivée normale nulle aux parois), il lui correspond des vitesses initiales nulles partout; tandis que $\frac{\partial\varphi_1}{\partial t}$ n'étant pas nul, les dénivellations initiales h de la surface libre ne le sont pas non plus [équation (2')]. On dit que ce potentiel φ_1 est relatif à une onde d'*émersion*, parce que l'état initial peut être supposé dû à l'émersion brusque d'un corps solide, dont la légère immersion imposait à la surface libre du liquide en repos de petites dénivellations données $h = \frac{\partial\varphi_1}{\partial t}$.

Quant au potentiel φ_2, il lui correspond, au contraire, des dénivellations initiales nulles, mais des vitesses initiales non nulles. On dit qu'il est relatif à une onde d'*impulsion*. L'état initial correspondant peut être supposé engendré par des surpressions variables exercées à la surface libre durant un instant très court (coup de vent brusque à la surface d'un lac).

Il est donc légitime de traiter séparément le problème des ondes d'émersion et celui des ondes d'impulsion. D'ailleurs, le second n'est pas distinct du premier, car il est aisé de voir que φ_1 étant un potentiel d'onde d'émersion satisfaisant aux premières conditions initiales (5), sa dérivée partielle $\varphi_2 = \frac{\partial\varphi_1}{\partial t}$ sera un potentiel d'onde d'impulsion satisfaisant aux conditions initiales

$$\varphi_2 = f(x, y), \qquad \frac{\partial\varphi_2}{\partial t} = 0 \qquad (\text{pour } t = 0 \text{ et } z = 0),$$

cette dernière équation étant une conséquence immédiate de l'équation (3) à laquelle satisfait φ_1 (¹).

C'est pourquoi, dans la suite, nous nous bornerons toujours exclusivement aux ondes par émersion.

4. Cas d'un bassin indéfini en tous sens. — Pour commencer par un cas simple où nous trouverons immédiatement la solution, considérons un bassin de dimensions infinies tant en profondeur que dans

(¹) J. BOUSSINESQ [1], p. 648.

le sens horizontal : le fluide occupe tout l'espace au-dessous du plan horizontal $z = 0$ de la surface libre. Dans cette hypothèse, il n'y a pas de parois (elles sont infiniment éloignées), et la condition (2) d'annulation de la dérivée $\frac{d\varphi}{dn}$ est remplacée par la suivante : la fonction φ doit s'annuler asymptotiquement lorsqu'on s'éloigne de l'origine des coordonnées, ce qui signifie que le mouvement est constamment nul à l'infini, qui n'est jamais atteint par une perturbation ayant son origine à distance finie.

Reprenons, dans le cas actuel d'un bassin infini, l'équation relative à la surface libre $z = 0$

$$\frac{\partial\varphi}{\partial z} - \frac{\partial^2\varphi}{\partial t^2} = 0, \tag{3}$$

et faisons, à son sujet, la remarque capitale suivante [1]. *Cette équation* (3) *est vérifiée non seulement à la surface* $z = 0$, *mais dans tout le fluide.* En effet, son premier membre est une fonction harmonique (puisque φ en est une), qui est nulle à la surface libre et qui s'annule aussi aux grandes distances, où φ tend partout vers zéro. Donc, ce premier membre est identiquement nul, et l'équation (3) devient une équation *indéfinie* du problème.

Reprenons maintenant l'équation

$$\frac{p}{\rho} = z - \frac{\partial\varphi}{\partial t},$$

qui a lieu partout à toute époque; dérivons-la par rapport à t en suivant une même particule fluide

$$\frac{1}{\rho}\frac{dp}{dt} = \frac{\partial\varphi}{\partial z} - \frac{\partial^2\varphi}{\partial t^2} = 0;$$

ainsi, *une particule fluide supporte la même pression pendant tout le mouvement.*

Désignons par Z l'ordonnée de la particule à l'état final de repos, nous aurons

$$\frac{p}{\rho} = Z$$

---

[1] Cette remarque a été faite incidemment par Poisson, qui ne semble pas avoir vu tout le parti qu'on peut en tirer.

et, par suite.

$$z - Z = \frac{\partial\varphi}{\partial t}.$$

$(z - Z)$ est la *dénivellation* h de la particule à l'époque t. L'équation (2'), elle aussi, dans le cas d'une profondeur infinie, est donc vérifiée, non seulement à la surface, mais *dans tout le fluide*.

5. **Formation directe du potentiel des vitesses** (1). — En résumé, dans le cas d'un bassin indéfini, nous avons les DEUX *équations indéfinies*

$$\Delta\varphi = 0, \tag{1}$$

$$\frac{\partial\varphi}{\partial z} - \frac{\partial^2\varphi}{\partial t^2} = 0. \tag{3}$$

La *condition aux limites* s'écrit

$$\varphi = 0 \qquad \text{(à l'infini)}.$$

Enfin, les conditions d'*état initial*, dans le cas d'ondes par émersion, sont

$$\varphi = 0, \qquad \frac{\partial\varphi}{\partial t} = f(x, y) \qquad (\text{pour } t = 0 \text{ et } z = 0).$$

Cherchons à satisfaire formellement à ce problème en prenant pour φ un développement de Taylor suivant les puissances de t

$$\varphi = \varphi_0 + \frac{t}{1}\left(\frac{\partial\varphi}{\partial t}\right)_0 + \frac{t^2}{1.2}\left(\frac{\partial^2\varphi}{\partial t^2}\right)_0 + \ldots + \frac{t^n}{n!}\left(\frac{\partial^n\varphi}{\partial t^n}\right)_0 + \ldots, \tag{6}$$

$\left(\frac{\partial^n\varphi}{\partial t^n}\right)_0$ représentant la valeur de $\frac{\partial^n\varphi}{\partial t^n}$ pour $t = 0$ (c'est une fonction de x, y, z, harmonique évidemment). Nous allons déterminer de proche en proche tous ces coefficients.

φ_0 est la fonction harmonique, définie dans tout l'espace au-dessous du plan des xy, s'annulant à l'infini et à la surface. Donc, $\varphi_0 = 0$ identiquement.

$\left(\frac{\partial\varphi}{\partial t}\right)_0$ est la fonction harmonique définie dans tout l'espace au-dessous du plan des xy, s'annulant à l'infini et prenant à la surface $z = 0$ les valeurs données $f(x, y)$. Donc, on a (formule d'un potentiel de

(1) H. VERGNE [1], p. 47.

double couche)

$$\left(\frac{\partial\varphi}{\partial t}\right)_0 = \frac{1}{2\pi}\iint \frac{z f(\xi, \eta)\, d\xi\, d\eta}{[z^2 + (x-\xi)^2 + (y-\eta)^2]^{\frac{3}{2}}},$$

l'intégrale double étant étendue à tout le plan de la surface libre ou, ce qui revient au même, à toute la partie de ce plan où la dénivellation initiale $f(x, y)$ n'est pas nulle ([1]). Pour simplifier dès maintenant les écritures, supposons que cette dénivellation initiale n'ait de valeur sensible que dans une très petite région autour de l'origine (émersion d'un très petit corps placé à l'origine) ([2]) et faisons pour abréger

$$dq = \iint f(\xi, \eta)\, d\xi\, d\eta.$$

La formule précédente s'écrira simplement

$$\left(\frac{\partial\varphi}{\partial t}\right)_0 = \frac{dq}{2\pi}\,\frac{z}{(z^2+x^2+y^2)^{\frac{3}{2}}} = \frac{dq}{2\pi}\,\frac{z}{r^3} = \frac{dq}{2\pi}\,\frac{\cos\theta}{r^2},$$

en désignant par θ l'angle fait avec la verticale par la droite qui joint le point quelconque (x, y, z) à l'origine O des coordonnées (c'est-à-dire au point d'émersion), et par r la distance de ce point à l'origine.

Nous connaissons maintenant les deux premiers coefficients φ_0 et $\left(\frac{\partial\varphi}{\partial t}\right)_0$ du développement (6). Pour avoir $\left(\frac{\partial^n\varphi}{\partial t^n}\right)$, différentions $(n-2)$ fois par rapport à t la seconde équation indéfinie (3)

$$\frac{\partial}{\partial z}\left(\frac{\partial^{n-2}\varphi}{\partial t^{n-2}}\right) - \frac{\partial^n\varphi}{\partial t^n} = 0;$$

cette relation donne, en y faisant $t = 0$,

$$(7)\qquad \left(\frac{\partial^n\varphi}{\partial t^n}\right)_0 = \frac{\partial}{\partial z}\left(\frac{\partial^{n-2}\varphi}{\partial t^{n-2}}\right)_0,$$

([1]) Cette formule de $\left(\frac{\partial\varphi}{\partial t}\right)_0$ fournit la dénivellation *statique* initiale dans tout le fluide avant l'émersion du solide (*cf.* G. Rousier [1], p. 30).

([2]) Cela correspondra à ce qu'on peut appeler une *solution élémentaire naturelle*. S'il y a émersion simultanée de plusieurs petits corps distincts, ou d'un corps de dimensions horizontales finies, la solution s'obtiendra par addition ou intégration des diverses solutions élémentaires, puisque toutes les équations sont linéaires.

formule de récurrence qui permet de calculer de proche en proche tous les coefficients de la série (6). On en déduit

$$\left(\frac{\partial^2\varphi}{\partial t^2}\right)_0 = \left(\frac{\partial^4\varphi}{\partial t^4}\right)_0 = \ldots = \left(\frac{\partial^{2m}\varphi}{\partial t^{2m}}\right)_0 = 0$$

pour les coefficients des puissances paires de t, et

$$\left(\frac{\partial^3\varphi}{\partial t^3}\right)_0 = \frac{\partial}{\partial z}\left(\frac{\partial\varphi}{\partial t}\right)_0, \quad \left(\frac{\partial^5\varphi}{\partial t^5}\right)_0 = \frac{\partial^2}{\partial z^2}\left(\frac{\partial\varphi}{\partial t}\right)_0, \quad \ldots, \quad \left(\frac{\partial^{2m+1}\varphi}{\partial t^{2m+1}}\right)_0 = \frac{\partial^m}{\partial z^m}\left(\frac{\partial\varphi}{\partial t}\right)_0$$

pour les coefficients des puissances impaires de t. Or, on a

$$\frac{\partial^m}{\partial z^m}\left(\frac{\partial\varphi}{\partial t}\right)_0 = \frac{dq}{2\pi}\frac{\partial^m}{\partial z^m}\left(\frac{\cos\theta}{r^2}\right) = -\frac{dq}{2\pi}\frac{\partial^{m+1}}{\partial z^{m+1}}\left(\frac{1}{r}\right);$$

d'ailleurs, on vérifie aisément par récurrence la formule

$$\frac{\partial^{m+1}}{\partial z^{m+1}}\left(\frac{1}{r}\right) = \frac{(-1)^{m+1}(m+1)!}{r^{m+2}}\,P_{m+1}(\cos\theta),$$

où P_{m+1} désigne le *polynome de Legendre* d'indice $m+1$.

Par conséquent, notre série (6) s'écrit

$$\text{(A)}\quad \varphi = \frac{dq}{2\pi}\left[\frac{t}{r^2}P_1(\cos\theta) - \frac{t^3}{3r^3}P_2(\cos\theta) + \ldots + \frac{(-1)^m(m+1)!}{(2m+1)!}\frac{t^{2m+1}}{r^{m+2}}P_{m+1}(\cos\theta) + \ldots\right].$$

Cette série, qui satisfait formellement au problème, est évidemment convergente pour toute valeur de t. Donc, elle représente la solution cherchée.

Déduisons-en tout de suite la valeur de la dénivellation $h = z - Z$ d'une particule quelconque à une époque quelconque : il suffit, puisque la formule (2′) est valable partout, de différentier la série précédente par rapport à t, et l'on obtient

$$\text{(B)}\quad h = \frac{dq}{2\pi r^2}\left[P_1(\cos\theta) - \frac{t^2}{r}P_2(\cos\theta) + \ldots + \frac{(-1)^m(m+1)!}{(2m)!}\left(\frac{t^2}{r}\right)^m P_{m+1}(\cos\theta) + \ldots\right].$$

Les deux formules (A) et (B) résolvent entièrement le problème des ondes par émersion dans le cas d'un bassin indéfini, tant en profondeur qu'horizontalement. Il est clair que la méthode qui vient d'être suivie s'appliquerait aussi bien au problème des ondes par

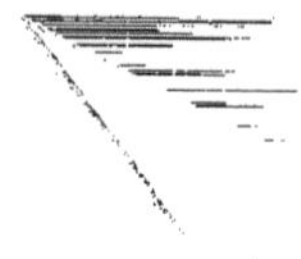

impulsion (la série donnant φ ne contiendrait alors que des puissances paires de t, celle donnant h que des puissances impaires).

6. **Problème plan.** — Envisageons maintenant le problème à deux dimensions, où l'on fait abstraction de la coordonnée horizontale y. Le bassin est toujours supposé indéfini dans le sens horizontal des x et dans le sens de la profondeur z. C'est, par exemple, le cas d'un canal rectiligne infiniment profond, dont la longueur infinie est parallèle aux x, et dont la largeur, parallèle aux y, est constante; le liquide, primitivement en repos, est mis en mouvement par l'enlèvement brusque d'un solide cylindrique très peu immergé, dont les génératrices sont perpendiculaires à la longueur du canal (ondes d'émersion).

Nous avons toujours, pour déterminer le potentiel des vitesses $\varphi(x, z, t)$, les deux mêmes équations indéfinies (1) et (3), et la même condition aux limites $\varphi = 0$ (à l'infini); quant aux conditions initiales, elles deviennent aussi indépendantes de y et s'écrivent

$$\varphi = 0, \qquad \frac{\partial\varphi}{\partial t} = f(x) \qquad (\text{pour } t = 0 \text{ et } z = 0).$$

Il est évident que la méthode du numéro précédent s'applique sans modification : on cherchera pour φ un développement en série de la forme (6); les deux premiers coefficients résultent des données; on a

$$\varphi_0 = 0 \qquad \text{et} \qquad \left(\frac{\partial\varphi}{\partial t}\right)_0 = \frac{1}{\pi}\int_{-\infty}^{+\infty} \frac{z\, f(\xi)\, d\xi}{z^2 + (x-\xi)^2};$$

dans cette dernière formule (qui est celle d'un potentiel de double couche), l'intégrale est étendue à toute la surface libre, ou, ce qui revient au même, à toute la partie de cette surface où la dénivellation initiale $f(x)$ n'est pas nulle. Supposons, pour simplifier les écritures, que cette dénivellation n'ait de valeur sensible que dans une très petite région autour de l'origine, et faisons pour abréger

$$dq = \int f(\xi)\, d\xi,$$

la formule précédente s'écrira simplement

$$\left(\frac{\partial\varphi}{\partial t}\right)_0 = \frac{dq}{\pi}\,\frac{z}{z^2 + x^2} = \frac{dq}{\pi}\,\frac{z}{r^2} = \frac{dq}{\pi}\,\frac{\cos\theta}{r}.$$

Connaissant les deux premiers coefficients du développement (6), tous les suivants s'en déduiront par la formule de récurrence (7). Tous les coefficients des puissances paires de t sont nuls, et celui de $\frac{t^{2m+1}}{(2m+1)!}$ est

$$\left(\frac{\partial^{2m+1}\varphi}{\partial t^{2m+1}}\right)_0 = \frac{\partial^m}{\partial z^m}\left(\frac{\partial\varphi}{\partial t}\right)_0 = \frac{dq}{\pi}\,\frac{\partial^m}{\partial z^m}\left(\frac{\cos\theta}{r}\right) = -\frac{dq}{\pi}\,\frac{\partial^{m+1}}{\partial z^{m+1}}(\log r);$$

d'ailleurs, dans le plan xOz, on vérifie immédiatement par récurrence la formule

$$\frac{\partial^{m+1}}{\partial z^{m+1}}(\log r) = (-1)^{m+1}\,m!\,\frac{\cos(m+1)\theta}{r^{m+1}}.$$

On a donc le développement en série du potentiel φ et celui de la dénivellation h (par dérivation par rapport à t)

$$\text{(A')}\qquad \varphi = \frac{dq}{\pi}\left[\frac{t}{r}\cos\theta - \frac{1}{3!}\,\frac{t^3}{r^2}\cos 2\theta + \frac{2!}{5!}\,\frac{t^5}{r^3}\cos 3\theta - \ldots \pm \frac{m!}{(2m+1)!}\,\frac{t^{2m+1}}{r^{m+1}}\cos(m+1)\theta \mp \ldots\right],$$

$$\text{(B')}\qquad h = \frac{dq}{\pi r}\left[\cos\theta - \frac{1}{2!}\,\frac{t^2}{r}\cos 2\theta + \frac{2!}{4!}\left(\frac{t^2}{r}\right)^2\cos 3\theta - \ldots \pm \frac{m!}{(2m)!}\left(\frac{t^2}{r}\right)^m\cos(m+1)\theta \mp \ldots\right].$$

Ces formules, tout à fait analogues aux formules (A) et (B) du cas de trois dimensions, résolvent complètement le problème.

7. Lois du mouvement. — Cauchy, Poisson et M. Boussinesq, qui ont résolu le problème des ondes d'émersion (ou d'impulsion) dans un bassin indéfini, par des méthodes beaucoup moins directes que celle des numéros précédents, et sur lesquelles nous reviendrons bientôt, ont énoncé les lois du mouvement dont voici les principales (pour le cas des ondes par émersion).

Au début, les vitesses sont nulles ($\varphi = 0$), mais elles atteignent rapidement des valeurs sensibles; de petites ondulations se forment à la surface libre dont l'équation est donnée à chaque instant par (B) ou (B') où l'on fait $\theta = \frac{\pi}{2}$. Si l'on remarque que cette équation est de la forme

$$t^4 h = \mathcal{F}\left(\frac{t^2}{r}\right) \qquad \text{ou} \qquad t^2 h = \mathcal{F}\left(\frac{t^2}{r}\right),$$

suivant qu'on est dans le cas de trois ou de deux dimensions, on voit que la surface libre à une époque t' se déduit de la surface libre à une autre époque t en multipliant toutes les abscisses par $\left(\frac{t'}{t}\right)^2$ et divisant toutes les ordonnées par $\left(\frac{t'}{t}\right)^4$ ou par $\left(\frac{t'}{t}\right)^2$. On peut donc dire que chaque onde superficielle se propage d'un mouvement uniformément accéléré, sa hauteur décroissant comme l'inverse de la quatrième puissance du temps (cas de trois dimensions) ou comme l'inverse de son carré (cas de deux dimensions). Les abscisses r des sommets des crêtes et creux des ondulations sont données, à un instant t, par $\mathcal{F}'\left(\frac{t^2}{r}\right) = 0$, qui exprime que h est minimum ou maximum. Si $\frac{t_0^2}{r_0}$ est une racine de cette équation en $\frac{t^2}{r}$, l'accélération de l'onde correspondante est $j = \frac{2r_0}{t_0^2}$. Poisson et Cauchy ont calculé numériquement les premières racines de cette équation : on a (cas de deux dimensions) :

$j = 0,325$, pour la première onde creuse;
$j = 0,120$, pour la première onde en relief.

Les accélérations des ondes suivantes vont en diminuant assez rapidement [1].

On observe enfin sur les formules que les vitesses des particules et les hauteurs des ondes sont indépendantes de la densité du liquide (φ et h ne dépendent pas de ρ), et qu'elles sont proportionnelles à dq, c'est-à-dire au volume du liquide déprimé (ou soulevé) à l'origine du mouvement.

Remarque. — On sait que dans le cas d'un canal de profondeur constante *très petite* H, les ondes se propagent avec une vitesse constante $\sqrt{gH}$ (Lagrange). Ici où la profondeur est *infinie*, nous trouvons un mouvement uniformément accéléré. Il ne faut pas être surpris de cette différence qui tient à une raison d'homogénéité :

---

(1) Comme nous avons choisi les unités de façon que l'unité d'accélération soit celle de la pesanteur, nous devons, si nous revenons à des unités quelconques, multiplier par g les nombres donnés 0,325 ou 0,120.

comme le remarque Poisson, dans le cas actuel d'un bassin indéfini en tous sens, aucune longueur n'est donnée, la seule donnée de la question est une accélération, qui est celle de la pesanteur g, et l'on trouve pour accélérations des ondes successives le produit de g par des facteurs *numériques* 0,325 ou 0,120.

8. Ce qui précède est relatif aux dénivellations ou ondes *à la surface libre :* ce sont celles qui sont le plus facilement observables. Mais il est intéressant aussi d'étudier le mouvement à l'*intérieur* même du liquide.

M. Rousier (¹) remarque, en donnant dans (B) ou (B') à θ une valeur fixe autre que $\frac{\pi}{2}$, que la dénivellation h se propage égalemeni à l'intérieur du fluide d'un mouvement uniformément accéléré $\left(\text{au facteur } \frac{1}{t^3} \text{ ou } \frac{1}{t^2} \text{ près}\right)$ sur une droite d'inclinaison quelconque partant de l'origine des coordonnées.

M. Risser (²) étudie les oscillations d'une particule déterminée intérieure au fluide. Il étudie également le mouvement de l'ensemble des particules situées initialement dans un plan horizontal déterminé $z = z_0$ et recherche pour un tel plan les maxima et minima de h : en d'autres termes, il étudie les ondes relatives à ce plan horizontal.

9. Les formules (A), (B), (A'), (B'), utilisées jusqu'ici, sont relatives au cas d'une *solution élémentaire* où la dénivellation initiale se réduit à un seul élément infiniment petit dq déprimé à l'origine des coordonnées (émersion d'un corps infiniment petit). Dans le cas de l'émersion d'un corps d'étendue finie, il est nécessaire de faire la somme des solutions simples relatives à ses divers éléments. Les lois énoncées aux numéros précédents ne sont plus alors valables; du moins elles cessent de l'être aux distances de l'origine qui ne peuvent pas être regardées comme extrêmement grandes par rapport aux dimensions du corps. Il faut alors faire l'étude spéciale du mou-

(¹) G. Rousier [1], p. 29. La formule (B') est due à cet auteur, qui l'a obtenue par un calcul de résidu, fort élégant, mais assez compliqué.

(²) R. Risser [1], p. 48 et 53.

vement au voisinage même du centre d'émersion : cette étude a été faite par M. Boussinesq (dans le cas de deux dimensions) et par M. Risser (dans le cas de trois dimensions).

10. **Cas d'un vase de dimensions finies limité par des parois.** — Ce qui a fait le succès de la méthode d'intégration du n° 5 pour un bassin indéfini en tous sens, c'est que l'équation (3) est alors une équation *indéfinie* vérifiée partout. Dans le cas où il y a des parois, elle n'est plus vérifiée *qu'à la surface libre* $z = 0$, comme il est dit au n° 1; et la méthode du n° 5 n'est plus directement applicable.

M. Boussinesq ([1]) a indiqué qu'on peut encore chercher pour le potentiel φ un développement en série de Taylor de la forme (6) et déterminer de proche en proche ses coefficients $\left(\frac{\partial^n \varphi}{\partial t^n}\right)_0$, qui sont toujours des fonctions harmoniques, ayant leurs dérivées normales $\frac{d}{dn}$ nulles à la paroi et satisfaisant *à la surface* $z = 0$ à l'équation (7) du n° 5,

$$(7) \qquad \left(\frac{\partial^n \varphi}{\partial t^n}\right)_0 = \frac{\partial}{\partial z}\left(\frac{\partial^{n-2} \varphi}{\partial t^{n-2}}\right)_0.$$

Le coefficient de t^n se déduit donc du coefficient de t^{n-2} par la résolution d'un problème harmonique mixte où la donnée est la valeur de la fonction harmonique à la surface [équation (7)], et la valeur (nulle) de sa dérivée normale à la paroi. Or, les deux premiers coefficients φ_0 et $\left(\frac{\partial \varphi}{\partial t}\right)_0$ se déduisent eux-mêmes de leurs valeurs données à la surface libre par un tel problème harmonique mixte.

On détermine ainsi, du moins formellement, le développement (6) de φ suivant les puissances de t. *Si cette série converge*, elle représente l'intégrale du problème.

Malheureusement, les problèmes harmoniques mixtes dont il s'agit sont compliqués du fait que le domaine d'existence des fonctions harmoniques présente une surface frontière ayant une arête anguleuse à l'intersection de la surface libre S et des parois Σ. Cette grave difficulté amène des doutes sérieux sur la convergence de la série (6), du moins dans le cas général de parois quelconques.

(1) J. Boussinesq [3], section I.

Il est toutefois un cas où l'on pourra affirmer la convergence de la série (6). C'est celui d'un vase cylindrique vertical de *profondeur infinie* (de section droite horizontale d'ailleurs quelconque). Car alors il se trouve encore que l'équation (3) est vérifiée non seulement à la surface libre, mais *dans tout le fluide* et est une équation *indéfinie* (1). Ce fait assure le succès de la méthode, car alors les coefficients successifs du développement (6) se déduiront des deux premiers, non par des problèmes harmoniques mixtes, mais par de simples dérivations en z, comme au n° 5.

11. Un cas particulièrement simple de paroi exclusivement verticale est celui d'un mur *plan* vertical, limitant d'un côté un bassin d'ailleurs indéfini. L'émersion d'un solide au voisinage du mur produira des ondes qui se *réfléchiront* sur ce mur; le problème pourra se traiter, ainsi que l'indique M. Boussinesq, par la « méthode des images », comme si le bassin était infini en tous sens, mais avec volumes d'émersion comprenant, outre le volume d'émersion vrai, son image à travers le plan de la paroi comme miroir. M. Risser a développé cette méthode des images et l'a appliquée au cas de plusieurs parois planes.

12. **Retour au cas d'un bassin indéfini. Travaux de Cauchy et de Poisson.** — Revenons maintenant aux ondes liquides dans un bassin indéfini, sans parois. Les équations à satisfaire par le potentiel φ sont, comme il est dit au début du n° 5,

$$\Delta\varphi = 0, \tag{1}$$

$$\frac{\partial\varphi}{\partial z} - \frac{\partial^2\varphi}{\partial t^2} = 0, \tag{3}$$

et φ doit s'annuler aux grandes distances.

Quant aux conditions d'état initial, elles sont (en nous bornant toujours aux ondes d'émersion) :

(1) On le reconnaît comme au n° 4. Le premier membre de (3) est une fonction harmonique nulle à la surface, s'annulant aux grandes profondeurs et ayant sa dérivée normale $\frac{d}{dn}$ nulle sur les parois *verticales*. D'ailleurs, ici encore, une particule fluide supporte la même pression pendant tout le mouvement, et la dénivellation $h = z - \zeta$ est donnée, *dans tout le fluide* par l'équation (2').

Cas de deux dimensions :

$$\varphi = 0, \quad \frac{\partial \varphi}{\partial t} = f(x), \qquad (\text{pour } t = 0 \text{ et } z = 0),$$

Cas de trois dimensions :

$$\varphi = 0, \quad \frac{\partial \varphi}{\partial t} = f(x, y), \qquad (\text{pour } t = 0 \text{ et } z = 0).$$

Cauchy et Poisson ont été les premiers à résoudre ce problème, à peu près simultanément, dans deux Mémoires restés célèbres ([1]). Ils ont obtenu le potentiel φ sous forme d'une intégrale définie; en la développant suivant les puissances de t, ils en ont déduit les séries (A), (B), (A'), (B'), ou du moins des séries équivalentes. Nous allons indiquer leurs résultats.

Cas de deux dimensions. — Cauchy et Poisson arrivent tous deux à l'intégrale

$$(8) \qquad \varphi(x, z, t) = \frac{1}{\pi}\int_0^{\infty} \frac{\sin\sqrt{k}\,t}{\sqrt{k}} e^{-kz}\, dk \int_{-\infty}^{+\infty} f(\xi) \cos k(x-\xi)\, d\xi.$$

Les méthodes par lesquelles les deux géomètres arrivent à cette solution ne diffèrent guère que par la forme; leurs calculs sont assez longs et compliqués. Aussi nous contenterons-nous d'indiquer comment M. Lamb ([2]) obtient cette même intégrale par un procédé rapide et élégant, tout en restant exactement dans le même ordre d'idées que Cauchy et Poisson.

L'expression

$$\frac{\sin\sqrt{k}\,t}{\sqrt{k}} e^{-kz} \cos k(x-\xi)$$

satisfait identiquement aux équations (1), (3), quels que soient k et ξ et s'annule aux grandes profondeurs : c'est l'intégrale classique correspondant à un « clapotis ».

Si nous tenons compte maintenant des conditions initiales et si nous écrivons $f(x)$ sous forme de l'intégrale de Fourier bien connue

$$f(x) = \frac{1}{\pi}\int_0^{\infty} dk \int_{-\infty}^{\infty} f(\xi) \cos k(x-\xi)\, d\xi,$$

([1]) A. CAUCHY [1]; S. POISSON [1].

([2]) H. LAMB [1], p. 364.

nous sommes immédiatement conduits à l'intégrale (8), qui satisfait à toutes les conditions du problème.

Si nous supposons que $f(x)$ n'a de valeurs sensibles que dans une très petite région autour de l'origine, et faisons pour abréger

$$\int f(\xi)\,d\xi = dq,$$

l'intégrale (8) devient

$$(8') \qquad \varphi = \frac{dq}{\pi}\int_0^\infty \frac{\sin\sqrt{k}\,t}{\sqrt{k}}\,e^{-kz}\cos kx\,dk.$$

Montrons que si, dans cette intégrale, on développe $\sin\sqrt{k}t$ en série, suivant les puissances de t, on obtient la série (A'). On a

$$\frac{\sin\sqrt{k}t}{\sqrt{k}} = \sum (-1)^m \frac{k^m\,t^{2m+1}}{(2m+1)!},$$

Portant dans (8') et intégrant terme à terme (ce qui est légitime puisque la série est uniformément convergente pour k compris entre zéro et un nombre arbitrairement grand), il vient

$$\varphi = \frac{dq}{\pi}\sum (-1)^m \frac{t^{2m+1}}{(2m+1)!}\int_{k=0}^{k=\infty} k^m\,e^{-kz}\cos kx\,dk.$$

Or, si nous posons

$$Z = \int_{k=0}^{k=\infty} e^{-kz}\cos kx\,dk,$$

nous aurons

$$\frac{\partial^m Z}{\partial x^m} = (-1)^m\int_{k=0}^{k=\infty} k^m\,e^{-kz}\cos kx\,dk,$$

et cette intégrale (convergente si z n'est pas nul) est précisément celle qui figure dans le coefficient de t^{2m+1}. D'ailleurs l'intégrale définie Z se calcule immédiatement : on a identiquement

$$Z = \frac{z}{z^2+x^2} = \frac{z}{r^2} = \frac{\cos\theta}{r}$$

et

$$\frac{\partial^m Z}{\partial z^m} = \frac{\partial^m}{\partial z^m}\left(\frac{\cos\theta}{r}\right) = (-1)^m\,m!\,\frac{\cos(m+1)\theta}{r^{m+1}}.$$

Nous obtenons donc pour φ le développement

$$\varphi = \frac{dq}{\pi}\sum (-1)^m \frac{m!}{(2m+1)!}\,t^{2m+1}\,\frac{\cos(m+1)\theta}{r^{m+1}}$$

identique au développement (A') du n° 3.

Cas de trois dimensions. — Pour ne pas compliquer inutilement l'écriture, nous nous bornons, dès maintenant, à une *solution élémentaire*, où la dénivellation initiale $f(x, y)$ à la surface libre n'a de valeur sensible que dans une très petite région autour de l'origine, et nous faisons pour abréger

$$\iint f(\xi, \eta)\, d\xi\, d\eta = dq.$$

Cauchy donne alors le potentiel $\varphi(x, y, z, t)$ sous la forme de l'intégrale suivante :

$$\varphi = \frac{dq}{2\pi^2}\int\!\!\int_0^\infty \frac{\sin\sqrt[4]{\mu\nu}\, t}{\sqrt[4]{\mu\nu}} \sin\nu \cos\frac{\mu(x^2+y^2)}{4}\, e^{-\sqrt{\mu\nu}\, z}\, d\mu\, d\nu,$$

et Poisson le donne sous la forme

$$(9)\qquad \varphi = \frac{dq}{\pi^2}\int\!\!\int_0^\infty \frac{\sin\sqrt[4]{\alpha^2+\beta^2}\, t}{\sqrt[4]{\alpha^2+\beta^2}} \cos\alpha x \cos\beta y\, e^{-\sqrt{\alpha^2+\beta^2}\, z}\, d\alpha\, d\beta.$$

Ces deux intégrales définies doubles ne paraissent pas identiques à première vue; mais elles peuvent se ramener l'une à l'autre par une transformation indiquée par Cauchy lui-même (Note XI de son Mémoire). Nous retiendrons donc seulement la forme (9) de Poisson, et plutôt que de reproduire ses calculs, assez longs, nous montrerons comment on peut l'obtenir par le procédé rapide indiqué plus haut, d'après M. Lamb.

L'expression

$$(10)\qquad \frac{\sin\sqrt[4]{\alpha^2+\beta^2}\, t}{\sqrt[4]{\alpha^2+\beta^2}} \cos\alpha(x-\xi) \cos\beta(y-\eta)\, e^{-\sqrt{\alpha^2+\beta^2}\, z}$$

satisfait identiquement aux équations indéfinies (1), (3) quelles que soient les lettres α, β, ξ, η, et s'annule aux grandes profondeurs : c'est l'intégrale classique correspondant à la superposition de deux clapotis de même période.

Si nous tenons compte maintenant des conditions initiales et écrivons $f(x, y)$ sous forme de l'intégrale de Fourier bien connue

$$f(x, y) = \frac{1}{\pi^2}\int\!\!\int_0^\infty d\alpha\, d\beta \int\!\!\int_{-\infty}^\infty f(\xi, \eta) \cos\alpha(x-\xi) \cos\beta(y-\eta)\, d\xi\, d\eta,$$

nous sommes immédiatement conduits à prendre pour φ l'expression

$$(10') \qquad \varphi = \frac{1}{\pi^2}\int\!\!\int_0^\infty \frac{\sin\sqrt[4]{\alpha^2+\beta^2}\,t}{\sqrt[4]{\alpha^2+\beta^2}}\,e^{-\sqrt{\alpha^2+\beta^2}\,z}\,d\alpha\,d\beta$$
$$\times\int\!\!\int_{-\infty}^{\infty} f(\xi,\eta)\cos\alpha(x-\xi)\cos\beta(y-\eta)\,d\xi\,d\eta,$$

qui satisfait à toutes les conditions du problème.

Si enfin nous réduisons la dénivellation initiale à un seul élément

$$dq = \int\!\!\int f(\xi,\eta)\,d\xi\,d\eta$$

situé à l'origine des coordonnées, nous trouvons bien l'expression (9) correspondant à une solution simple.

M. Lamb donne encore une autre forme au même calcul ([1]). Il suppose que le phénomène est de révolution autour de l'axe des z, et ne dépend par suite de x, y que par $R=\sqrt{x^2+y^2}$. Au lieu de (10) il prend alors pour expression élémentaire satisfaisant identiquement à (1) et (3),

$$\frac{\sin\sqrt{k}\,t}{\sqrt{k}}\,e^{-kz}\,J_0(kR),$$

où J_0 est la fonction classique de Bessel d'indice zéro (cette intégrale correspondrait à une onde stationnaire de révolution).

Pour tenir compte des conditions initiales, $f(x,y)$ étant maintenant une fonction $f_1(R)$ de la seule variable R, il utilise la représentation suivante (analogue à l'intégrale de Fourier),

$$f_1(R) = \int_0^\infty J_0(kR)\,k\,dk\int_0^\infty f_1(\xi)\,J_0(k\xi)\,\xi\,d\xi$$

et est conduit pour le potentiel φ à l'expression

$$(11) \qquad \varphi = \frac{dq}{2\pi}\int_0^\infty \sin\sqrt{k}\,t\,e^{-kz}\,J_0(kR)\,\sqrt{k}\,dk,$$

après avoir supposé que la dénivellation initiale se réduit à un seul élément situé à l'origine

$$dq = \int f_1(\xi)\,2\pi\xi\,d\xi.$$

([1]) H. Lamb [1], p. 406.

Il reste à vérifier que les formes (9) et (11) du potentiel sont identiques. Pour cela, il suffit, dans l'intégrale (9), d'adopter, au lieu des coordonnées rectangulaires x, y et α, β, des coordonnées polaires R, ψ et r, ω en posant

$$x = R\cos\psi, \qquad y = R\sin\psi, \qquad \alpha = k\cos\omega, \qquad \beta = k\sin\omega,$$

pour transformer (¹) cette intégrale (9) en

$$(11') \qquad \varphi = \frac{dq}{\pi^2}\int_0^{\frac{\pi}{2}} d\omega \int_0^\infty e^{-kz}\cos(kR\cos\omega)\sin(\sqrt{k}\,t)\sqrt{k}\,dk,$$

qui est bien identique à (11) puisque la fonction de Bessel s'exprime, on le sait, par l'intégrale définie

$$J_0(kR) = \frac{2}{\pi}\int_0^{\frac{\pi}{2}} \cos(kR\cos\omega)\,d\omega.$$

Remarquons, en passant, que la forme (11) ou (11′) du potentiel φ est bien, comme on devait s'y attendre, indépendante de l'argument ψ du point (x, y, z) : c'est ce qui n'apparaissait pas immédiatement sur la forme initiale (9).

Montrons enfin comment on peut développer cette expression (11) ou (11′) de φ en série ordonnée suivant les puissances de t pour retrouver la formule (A) du n° 5. Le procédé est le même que dans le cas de deux dimensions : on remarquera ici que l'on a indentiquement (²)

$$Z = \int_0^\infty e^{-kz} J_0(kR)\,dk = \frac{1}{\sqrt{z^2 + R^2}} = \frac{1}{r},$$

$$\frac{\partial^m Z}{\partial z^m} = (-1)^m \int_0^\infty k^m e^{-kz} J_0(kR)\,dk = \frac{\partial^m}{\partial z^m}\left(\frac{1}{r}\right) = (-1)^m \frac{m!}{r^{m+1}} P_{m+1}(\cos\theta);$$

or ce sont précisément ces expressions qui figurent, dans (11), comme coefficients des diverses puissances de t, après qu'on a développé $\sin\sqrt{k}\,t$. On retombe donc immédiatement sur la série (A).

(¹) *Voir* pour cette transformation POISSON [1], p. 138, et J. BOUSSINESQ [2], p. 530. La forme (11)′ du potentiel a été donnée explicitement par Poisson.

(²) *Voir*, par exemple, J. BOUSSINESQ [2], p. 531.

Intégrale de Poisson dans le cas d'une profondeur finie. — Il y a lieu de signaler ici que Poisson, considérant toujours un bassin horizontalement indéfini, a aussi intégré le problème des ondes liquides dans le cas d'une profondeur verticale *finie* mais constante H. Contentons-nous d'indiquer sa solution, dans le cas d'une onde due à l'émersion d'un seul élément dq, à l'origine des coordonnées. Poisson trouve pour le problème plan à deux dimensions (canal)

$$(12) \qquad \varphi = \frac{dq}{\pi}\int_0^\infty \frac{\sin ct}{c}\,\frac{\operatorname{ch} k(\mathrm{H}-z)}{\operatorname{ch} k\mathrm{H}}\cos kx\,dk,$$

formule où l'on a posé

$$c^2 = k \operatorname{th} k\mathrm{H};$$

cette formule redonne bien (8′) si l'on y fait $\mathrm{H} = \infty$.

Pour le problème à trois dimensions (bassin) Poisson trouve

$$(13) \qquad \varphi = \frac{dq}{\pi^2}\iint_0^\infty \frac{\sin c't}{c'}\,\frac{\operatorname{ch}\sqrt{\alpha^2+\beta^2}\,(\mathrm{H}-z)}{\operatorname{ch}\sqrt{\alpha^2+\beta^2}\,\mathrm{H}}\cos\alpha x\cos\beta y\,d\alpha\,d\beta,$$

ayant posé cette fois

$$c'^2 = \sqrt{\alpha^2+\beta^2}\operatorname{th}\sqrt{\alpha^2+\beta^2}\,\mathrm{H},$$

formule qui redonne bien (9) si l'on y fait $\mathrm{H} = \infty$.

Ces formules (12) et (13) s'obtiendraient aisément par le mode de calcul de M. Lamb, indiqué plus haut ([1]).

13. **Méthode de M. J. Boussinesq.** — Le problème des ondes liquides par émersion (ou impulsion), dans un bassin indéfini (sans parois), a été traité par M. Boussinesq par une méthode entièrement différente que nous allons exposer maintenant ([2]).

Nous avons dit que, dans ce cas (profondeur infinie), le potentiel

([1]) A propos du canal de profondeur constante finie H, mentionnons les travaux des géomètres italiens MM. U. Cisotti et A. Palatini. Se plaçant au point de vue des fonctions analytiques, M. Cisotti introduit la variable complexe $x + iz$; au potentiel des vitesses $\varphi(x, z)$ il adjoint la fonction harmonique associée $\psi(x, z)$ (fonction de courant) telle que $f(x+iz) = \varphi + i\psi$ soit une fonction analytique : la détermination de cette fonction analytique f équivaut évidemment à celle de la fonction harmonique φ. Cette méthode présente l'inconvénient de tomber complètement en défaut dans le cas de trois dimensions. M. Palatini cherche à étudier l'influence du fond sur la propagation des ondes.

([2]) J. Boussinesq [1], p. 578 à 651; [2], 48e Leçon.

des vitesses φ doit satisfaire à *deux* équations indéfinies qui sont

$$(1) \qquad \Delta\varphi = \frac{\partial^2 \varphi}{\partial x^2} + \frac{\partial^2 \varphi}{\partial y^2} + \frac{\partial^2 \varphi}{\partial z^2} = 0,$$

$$(3) \qquad \frac{\partial \varphi}{\partial z} - \frac{\partial^2 \varphi}{\partial t^2} = 0.$$

Or l'équation (3) entraîne évidemment la suivante,

$$\left(\frac{\partial}{\partial z} + \frac{\partial^2}{\partial t^2}\right)\left(\frac{\partial \varphi}{\partial z} - \frac{\partial^2 \varphi}{\partial t^2}\right) = 0,$$

qui s'écrit

$$(3') \qquad \frac{\partial^2 \varphi}{\partial z^2} - \frac{\partial^4 \varphi}{\partial t^4} = 0,$$

et M. Boussinesq démontre ([1]) que, réciproquement, dans le cas des ondes d'émersion où φ est initialement nul, cette équation (3′) entraîne (3), à condition de lui adjoindre la condition initiale supplémentaire

$$\frac{\partial^2 \varphi}{\partial t^2} = 0 \qquad (\text{pour } t = 0).$$

Éliminons maintenant la dérivée $\frac{\partial^2 \varphi}{\partial z^2}$ entre les équations (1) et (3′) : nous sommes conduits à la nouvelle équation indéfinie, ne contenant plus de dérivée en z,

$$(14) \qquad \frac{\partial^4 \varphi}{\partial t^4} + \frac{\partial^2 \varphi}{\partial x^2} + \frac{\partial^2 \varphi}{\partial y^2} = 0.$$

Il est clair que, dans le cas de deux dimensions (problème plan), où φ est indépendant de la coordonnée y, cette équation se réduit à

$$(14') \qquad \frac{\partial^4 \varphi}{\partial t^4} + \frac{\partial^2 \varphi}{\partial x^2} = 0.$$

C'est cette équation aux dérivées partielles du quatrième ordre (14) ou (14′) et son intégration qui jouent le rôle capital dans la méthode de M. Boussinesq ([2]).

([1]) J. Boussinesq [1], p. 588.

([2]) Il est à remarquer que cette équation du quatrième ordre avait été écrite par Cauchy, mais *seulement pour la surface libre* $z = 0$; pas plus que pour l'équation (3), il n'a observé qu'elle était vérifiée dans tout le fluide. Poisson, qui a remarqué que l'équation (3) était vérifiée non seulement à la surface mais dans tout le liquide, n'en a tiré aucune conclusion et n'a pas écrit l'équation du quatrième ordre. C'est M. Boussinesq qui a fait jouer à cette équation (14) ou (14′) le rôle d'équation indéfinie, et il en a fait la base de sa méthode.

Cas de deux dimensions. — Le potentiel des vitesses $\varphi(x, y, t)$ doit satisfaire aux *deux* équations indéfinies

$$\frac{\partial^4 \varphi}{\partial t^4} + \frac{\partial^2 \varphi}{\partial x^2} = 0, \tag{14'}$$

$$\Delta\varphi = \frac{\partial^2 \varphi}{\partial x^2} + \frac{\partial^2 \varphi}{\partial z^2} = 0, \tag{1}$$

avec les conditions à l'infini

$$\varphi = 0, \quad \frac{\partial \varphi}{\partial x} = 0, \quad \frac{\partial \varphi}{\partial z} = 0, \quad \frac{\partial \varphi}{\partial t} = 0 \quad \text{(pour } x \text{ ou } z \text{ très grands)}$$

et les conditions initiales (ondes d'émersion)

$$\varphi = 0, \quad \frac{\partial^2 \varphi}{\partial t^2} = 0, \quad \left(\frac{\partial \varphi}{\partial t}\right)_{z=0} = f(x) \quad \text{(pour } t = 0\text{)}.$$

Nous remarquons que la première équation indéfinie ne contient pas de dérivée en z, et que la seconde ne contient pas de dérivée en t. Ceci nous conduit à chercher d'abord comment φ dépend de x et de t, sans nous préoccuper de z.

Il s'agit donc d'intégrer l'équation (14'). Dans ce but, M. Boussinesq ([1]) prend pour φ une intégrale définie de la forme suivante :

$$\varphi = \int_0^\infty \left[\chi\left(x + \frac{\alpha^2}{2}\right) + \chi\left(x - \frac{\alpha^2}{2}\right)\right] \psi\left(\frac{t^2}{2\alpha^2}\right) d\alpha; \tag{15}$$

α est la variable d'intégration, ψ et χ sont deux fonctions régulières arbitraires assujetties à donner à l'intégrale et à ses dérivées des valeurs finies et déterminées. Il faut choisir ces deux fonctions arbitraires de façon que φ vérifie l'équation (14'). Or les dérivées successives de l'intégrale (15) par rapport à t se calculent aisément; on a

$$\frac{\partial \varphi}{\partial t} = \int_0^\infty \left[\chi\left(x + \frac{\alpha^2}{2}\right) + \chi\left(x - \frac{\alpha^2}{2}\right)\right] \psi'\left(\frac{t^2}{2\alpha^2}\right) \frac{t}{\alpha^2} d\alpha;$$

changeons la variable d'intégration en posant

$$\beta = \frac{t}{\alpha}, \qquad d\beta = -\frac{t\, d\alpha}{\alpha^2},$$

il vient

$$\frac{\partial \varphi}{\partial t} = \int_0^\infty \left[\chi\left(x + \frac{t^2}{2\beta^2}\right) + \chi\left(x - \frac{t^2}{2\beta^2}\right)\right] \psi'\left(\frac{\beta^2}{2}\right) d\beta.$$

([1]) J. Boussinesq [1], p. 593; [2], p. 498.

Calculons de la même manière $\frac{\partial^2 \varphi}{\partial t^2}$, et revenons à la variable d'intégration α; il viendra

$$\frac{\partial^2 \varphi}{\partial t^2} = \int_0^\infty \left[\chi'\left(x + \frac{\alpha^2}{2}\right) - \chi'\left(x - \frac{\alpha^2}{2}\right)\right] \psi'\left(\frac{t^2}{2\alpha^2}\right) d\alpha.$$

$\frac{\partial^4 \varphi}{\partial t^4}$ se déduira de $\frac{\partial^2 \varphi}{\partial t^2}$ comme cette dernière de φ; d'où

$$\frac{\partial^4 \varphi}{\partial t^4} = \int_0^\infty \left[\chi''\left(x + \frac{\alpha^2}{2}\right) + \chi''\left(x - \frac{\alpha^2}{2}\right)\right] \psi''\left(\frac{t^2}{2\alpha^2}\right) d\alpha.$$

D'ailleurs, on a immédiatement

$$\frac{\partial^2 \varphi}{\partial x^2} = \int_0^\infty \left[\chi''\left(x + \frac{\alpha^2}{2}\right) + \chi''\left(x - \frac{\alpha^2}{2}\right)\right] \psi\left(\frac{t^2}{2\alpha^2}\right) d\alpha.$$

L'équation (14') à vérifier devient donc

$$(16) \quad \int_0^\infty \left[\chi''\left(x + \frac{\alpha^2}{2}\right) + \chi''\left(x - \frac{\alpha^2}{2}\right)\right] \left[\psi''\left(\frac{t^2}{2\alpha^2}\right) + \psi\left(\frac{t^2}{2\alpha^2}\right)\right] d\alpha = 0.$$

Nous allons choisir ψ de façon que la quantité sous le signe $\int$ soit une différentielle exacte; pour cela, posant

$$\frac{t^2}{2\alpha^2} = \gamma,$$

nous prendrons

$$(17) \quad \psi''(\gamma) + \psi(\gamma) = \frac{1}{2\sqrt{\gamma}} = \frac{d\sqrt{\gamma}}{d\gamma}.$$

L'équation (16) devient alors

$$\frac{1}{t\sqrt{2}} \int_0^\infty \left[\chi''\left(x + \frac{\alpha^2}{2}\right) + \chi''\left(x - \frac{\alpha^2}{2}\right)\right] d\left(\frac{\alpha^2}{2}\right) = 0;$$

le premier membre s'intègre immédiatement et cette équation s'écrit

$$\left[\chi'\left(x + \frac{\alpha^2}{2}\right) - \chi'\left(x - \frac{\alpha^2}{2}\right)\right]_{\alpha=0}^{\alpha=\infty} = 0.$$

Pour $\alpha = 0$, la quantité entre crochets est nulle; x étant fini il reste à vérifier

$$\chi'(+\infty) - \chi'(-\infty) = 0.$$

D'autre part, pour $x = \pm\infty$, φ doit être nul, ce qui conduit à prendre

$$\chi(\pm\infty) = 0;$$

il est clair que cette condition entraîne la précédente. Ainsi la fonction χ devra s'annuler pour les valeurs infinies de la variable.

Revenons à l'équation (17) que doit vérifier $\psi(\gamma)$, avec les conditions

$$\psi(0) = 0, \qquad \psi'(0) = 0,$$

lesquelles entraîneront les conditions d'état initial

$$\varphi = 0, \qquad \frac{\partial^2\varphi}{\partial t^2} = 0 \qquad (\text{pour } t = 0).$$

Cette fonction $\psi(\gamma)$ a été complètement étudiée par M. Boussinesq [1]. Nous nous bornons à mentionner les résultats : on a

$$\psi(\gamma) = \int_0^{\sqrt{\gamma}} \sin(\gamma - \mu^2)\, d\mu;$$

cette fonction ψ est une fonction entière de $\sqrt{\gamma}$ qui admet le développement en série suivant

$$\psi(\gamma) = \frac{1}{\sqrt{2}}\left[\frac{(\sqrt{2\gamma})^3}{1.3} - \frac{(\sqrt{2\gamma})^7}{1.3.5.7} + \ldots \pm \frac{(\sqrt{2\gamma})^{4n+3}}{1.3.5\ldots(4n+3)} \mp \ldots\right];$$

indiquons enfin la valeur numérique de l'intégrale définie suivante

$$(18) \qquad \int_0^\infty \psi'\left(\frac{\beta^2}{2}\right) d\beta = \frac{\pi}{4\sqrt{2}},$$

et signalons que, pour les grandes valeurs de γ, la fonction $\psi(\gamma)$ se réduit sensiblement à la fonction très simple

$$\psi(\gamma) = \frac{\sqrt{\pi}}{2}\sin\left(\gamma - \frac{\pi}{4}\right).$$

La fonction $\psi(\gamma)$ étant ainsi complètement déterminée, revenons à la fonction χ. Rappelons qu'on doit avoir

$$\frac{\partial\varphi}{\partial t} = f(x) \qquad (\text{pour } t = 0 \text{ et } z = 0);$$

---

[1] J. Boussinesq [1], p. 594 et 604; [2], p. 266.

or nous avons calculé l'expression de $\frac{\partial z}{\partial t}$; en nous y reportant, nous trouvons qu'on doit avoir

$$f(x) = 2\chi(x)\int_0^\infty \psi'\left(\frac{\zeta^2}{2}\right)d\zeta \qquad (\text{pour } t = 0 \text{ et } z = 0),$$

c'est-à-dire, d'après (18),

$$\chi(x) = \frac{2\sqrt{2}}{\pi}f(x) \qquad (\text{pour } z = 0);$$

la fonction χ est donc complètement déterminée en fonction de x, *quand on y fait* $z = 0$.

Mais en réalité la fonction χ dépend aussi de z, que nous avons traité jusqu'ici comme une constante; voyons comment y entrera cette variable.

Considérons la fonction

$$\varphi = \int_0^\infty \left[\chi\left(x + \frac{\alpha^2}{2}, z\right) + \chi\left(x - \frac{\alpha^2}{2}, z\right)\right]\psi\left(\frac{t^2}{2\alpha^2}\right)d\alpha;$$

en tant que fonction de x et de z cette fonction doit être harmonique; elle le sera si l'on a

$$\Delta\chi = \frac{\partial^2\chi}{\partial x^2} + \frac{\partial^2\chi}{\partial z^2} = 0;$$

d'ailleurs, φ s'annulera pour x ou z infinis, s'il en est de même de χ. La fonction $\chi(x, z)$ devant être harmonique, s'annuler à l'infini, et prendre à la surface $z = 0$ des valeurs données, nous sommes conduits à la représenter par le potentiel d'une double couche de densité $\frac{2\sqrt{2}}{\pi^2}f(x)$, étalée sur l'axe des x; nous prenons donc

$$\chi(x, z) = \frac{2\sqrt{2}}{\pi^2}\int \frac{z f(\xi)}{z^2 + (x - \xi)^2}d\xi,$$

l'intégrale étant étendue à l'axe des x (surface libre), ce qui nous donne définitivement pour expression du potentiel des vitesses φ

$$(19)\quad \varphi = \frac{2\sqrt{2}}{\pi^2}\int_0^\infty \left[\int \frac{z f(\xi)\,d\xi}{z^2 + \left(x + \frac{\alpha^2}{2} - \xi\right)^2} + \int \frac{z f(\xi)\,d\xi}{z^2 + \left(x - \frac{\alpha^2}{2} - \xi\right)^2}\right] \times \psi\left(\frac{t^2}{2\alpha^2}\right)d\alpha.$$

Telle est la solution de M. Boussinesq pour le problème plan à deux dimensions. La fonction φ ainsi déterminée vérifie bien toutes les conditions voulues; on en trouvera la démonstration rigoureuse et détaillée dans ses Ouvrages déjà cités.

Ayant l'expression (19) de φ, on en déduira la dénivellation $h = \frac{\partial\varphi}{\partial t}$ par simple dérivation en t. Cette dénivellation h peut être développée en série ordonnée suivant les puissances de t : ce développement a été effectué par M. Boussinesq, pour la surface libre $z = 0$; M. Rousier, par un calcul de résidu élégant mais assez compliqué, l'a effectué pour tout le fluide, et a ainsi obtenu la formule (B') du n° 6.

On remarquera la différence profonde de forme qui existe entre la solution (19) de M. Boussinesq, et la solution (8) de Cauchy et Poisson, et qui tient à la différence des méthodes employées. Il est d'ailleurs possible d'identifier l'une avec l'autre ces deux expressions (19) et (8) du potentiel des vitesses [1].

Cas de trois dimensions. — Restituons maintenant au fluide ses trois dimensions. Le potentiel des vitesses $\varphi(x, y, z, t)$ doit satisfaire aux *deux* équations indéfinies

$$\frac{\partial^4 \varphi}{\partial t^4} + \frac{\partial^2 \varphi}{\partial x^2} + \frac{\partial^2 \varphi}{\partial y^2} = 0, \tag{14}$$

$$\Delta\varphi = \frac{\partial^2 \varphi}{\partial x^2} + \frac{\partial^2 \varphi}{\partial y^2} + \frac{\partial^2 \varphi}{\partial z^2} = 0, \tag{1}$$

avec les conditions à l'infini

$$\varphi = 0, \quad \frac{\partial\varphi}{\partial x} = 0, \quad \frac{\partial\varphi}{\partial y} = 0, \quad \frac{\partial\varphi}{\partial z} = 0, \quad \frac{\partial\varphi}{\partial t} = 0$$

(pour x, y ou z très grands)

et les conditions initiales (ondes d'émersion)

$$\varphi = 0, \quad \frac{\partial^2 \varphi}{\partial t^2} = 0, \quad \left(\frac{\partial\varphi}{\partial t}\right)_{z=0} = f(x, y) \quad (\text{pour } t = 0),$$

$f(x, y)$ désignant les petites ordonnées initiales connues de la surface.

Nous remarquons, encore ici, que la première équation indéfinie ne

[1] *Voir* H. VERGNE [I], p. 23.

contient pas de dérivée en z, et que la seconde ne contient pas de dérivée en t. C'est pourquoi, avec M. Boussinesq [1], nous sommes conduits à intégrer tout d'abord l'équation (14) du quatrième ordre, en nous plaçant dans un plan horizontal fixe, c'est-à-dire sans nous préoccuper de z que nous considérerons comme un paramètre constant. La méthode consiste à prendre φ sous forme de l'intégrale définie suivante,

$$(20)\quad \varphi = \int_0^\infty \left[F\left(T + \frac{\alpha^2}{2}, x, y, z\right) + F\left(T - \frac{\alpha^2}{2}, x, y, z\right)\right] \psi\left(\frac{t^2}{2\alpha^2}\right) d\alpha,$$

en introduisant ainsi une nouvelle variable indépendante auxiliaire T (à laquelle nous attribuerons finalement la valeur constante zéro); la fonction ψ est la même que dans le cas de deux dimensions; et il nous reste à déterminer convenablement la fonction F.

Remarquons que, d'après sa forme même [analogue à (15)] l'expression (20) de φ satisfait à l'équation [analogue à (14')]

$$\frac{\partial^4 \varphi}{\partial t^4} + \frac{\partial^2 \varphi}{\partial T^2} = 0,$$

pourvu du moins que l'on ait

$$(21)\qquad F'_T(\infty, x, y, z) = F'_T(-\infty, x, y, z).$$

Par conséquent l'équation (14) sera vérifiée si l'on a

$$(22)\qquad \frac{\partial^2 \varphi}{\partial T^2} = \frac{\partial^2 \varphi}{\partial x^2} + \frac{\partial^2 \varphi}{\partial y^2}.$$

Donc grâce à la variable en excès T, introduite dans (20), nous avons pu ramener l'intégration de l'équation du quatrième ordre (14) à celle de cette dernière (22) qui est du second ordre. D'ailleurs φ satisfera à cette équation (22) si chacun des éléments de l'intégrale (20) y satisfait, c'est-à-dire si la fonction $F(T, x, y, z)$ (où je désigne simplement par T la *première* variable) vérifie l'équation

$$\frac{\partial^2 F(T, x, y, z)}{\partial T^2} = \frac{\partial^2 F(T, x, y, z)}{\partial x^2} + \frac{\partial^2 F(T, x, y, z)}{\partial y^2};$$

or cette équation (qui n'est autre que l'*équation du son* dans le cas de deux dimensions) peut être intégrée, comme on sait, au moyen

[1] J. Boussinesq [1], p. 640; [2], p. 505.

d'un *potentiel sphérique*, ou plutôt, ici, au moyen de la dérivée $\frac{\partial}{\partial T}$ d'un pareil potentiel (¹); on prendra donc

$$(23)\quad F(T, x, y, z) = \frac{1}{2\pi}\frac{\partial}{\partial T}\int_0^{\frac{\pi}{2}} T\cos\mu\, d\mu \times \int_0^{2\pi} \chi(x + T\cos\mu\cos\theta,\ y + t\cos\mu\sin\theta,\ z)\, d\theta,$$

où la fonction χ, qui représente la densité de la matière potentiante, reste encore arbitraire. Nous avons pris la dérivée $\frac{\partial}{\partial T}$ du potentiel sphérique, et non pas ce potentiel lui-même, parce que ce potentiel est une fonction *impaire* de T; or, nous devons finalement poser, dans (20), $T = 0$, ce qui réduira le binome entre crochets à

$$F\left(\frac{\alpha^2}{2}, x, y, z\right) + F\left(-\frac{\alpha^2}{2}, x, y, z\right),$$

fonction essentiellement *paire* de la première variable $\frac{\alpha^2}{2}$, et dans laquelle une partie de F impaire par rapport à cette variable s'entre-détruirait identiquement.

La formule (23) donnant pour F une fonction paire de sa première variable, l'expression (20), *où l'on fait* $T = 0$, donne pour φ

$$(24)\quad \varphi = 2\int_0^{\infty} F\left(\frac{\alpha^2}{2}, x, y, z\right)\psi\left(\frac{t^2}{2\alpha^2}\right) d\alpha,$$

avec l'expression (23) de la fonction F quant à sa première variable.

Il ne reste plus qu'à déterminer la fonction χ qui entre dans (23). Or, nous n'avons pas encore utilisé l'équation indéfinie (1) à laquelle doit satisfaire φ; cette équation sera satisfaite si chacun des éléments de l'intégrale (24) est lui-même une fonction harmonique, c'est-à-dire si l'on a

$$\frac{\partial^2 F}{\partial x^2} + \frac{\partial^2 F}{\partial y^2} + \frac{\partial^2 F}{\partial z^2} = 0;$$

or, d'après (23), cette dernière équation sera vérifiée si l'on a

$$\frac{\partial^2 \chi}{\partial x^2} + \frac{\partial^2 \chi}{\partial y^2} + \frac{\partial^2 \chi}{\partial z^2} = 0;$$

(¹) *Voir* au sujet de cette intégration J. Boussinesq [2], p. 453 et p. 507.

nous sommes donc conduits à prendre pour χ une fonction harmonique.

D'ailleurs la formule (24), différentiée en t, nous donne

$$\frac{\partial\varphi}{\partial t} = 2\int_0^\infty \mathrm{F}\left(\frac{\alpha^2}{2}, x, y, z\right)\psi'\left(\frac{t^2}{2\alpha^2}\right)\frac{t\,d\alpha}{\alpha^2}$$

ou, en prenant la variable d'intégration $\beta = \frac{t}{\alpha}$, déjà introduite plus haut,

$$\frac{\partial\varphi}{\partial t} = 2\int_0^\infty \mathrm{F}\left(\frac{t^2}{2\beta^2}, x, y, z\right)\psi'\left(\frac{\beta^2}{2}\right)d\beta;$$

d'où la valeur initiale de $\frac{\partial\varphi}{\partial t}$

$$\left(\frac{\partial\varphi}{\partial t}\right)_{t=0} = 2\,\mathrm{F}(0, x, y, z)\int_0^\infty \psi'\left(\frac{\beta^2}{2}\right)d\beta = \frac{\pi}{2\sqrt{2}}\,\mathrm{F}(0, x, y, z)$$

d'après (18).

Mais, d'après les propriétés connues des potentiels sphériques ([1]), la formule (23) nous donne aussi

$$\mathrm{F}(0, x, y, z) = \chi(x, y, z);$$

donc

$$\left(\frac{\partial\varphi}{\partial t}\right)_{t=0} = \frac{\pi}{2\sqrt{2}}\chi(x, y, z).$$

Ceci achève de déterminer la fonction χ; en effet, nous savons, d'après les données, que $\left(\frac{\partial\varphi}{\partial t}\right)_{t=0}$ doit s'annuler pour x, y ou z infinis, et doit prendre, à la surface $z = 0$, les valeurs données $f(x, y)$.

Donc la fonction $\chi(x, y, z)$ est la fonction harmonique définie dans tout l'espace au-dessous du plan des xy, s'annulant à l'infini, et prenant pour $z = 0$ les valeurs

$$\chi(x, y, 0) = \frac{2\sqrt{2}}{\pi}f(x, y).$$

La considération des potentiels de double couche conduit immédia-

---

([1]) *Voir* J. Boussinesq [2], p. 444.

tement à prendre pour χ l'expression

$$\chi(x, y, z) = \frac{\sqrt{2}}{\pi^2} \iint \frac{z f(\xi, \eta)\, d\xi\, d\eta}{[z^2 + (x-\xi)^2 + (y-\eta)^2]^{\frac{3}{2}}},$$

l'intégrale double étant étendue au plan de la surface libre.

Il ne reste plus qu'à remplacer, dans (23), χ par cette valeur, puis à porter dans (24) la valeur (23) de F pour obtenir l'expression du potentiel des vitesses φ. La fonction ainsi obtenue vérifie bien toutes les conditions du problème; en particulier on peut s'assurer que la formule (21), reconnue indispensable, est bien vérifiée. Telle est dans ses traits principaux l'Analyse de M. Boussinesq; pour plus de détails, on consultera les Ouvrages de l'Auteur. Nous avons, ici, surtout tenu à insister sur l'intégration de l'équation aux dérivées partielles du quatrième ordre (14') ou (14) au moyen d'intégrales définies de la forme (15) ou (20).

De même que dans le cas de deux dimensions, la solution de M. Boussinesq est profondément différente, quant à la forme, de celle de Poisson (ou de Cauchy); il est néanmoins possible de les identifier ([1]).

14. **L'équation intégro-différentielle de M. Hadamard.** — Les méthodes exposées dans les numéros précédents ont surtout réussi dans le cas d'un bassin indéfini en tous sens (sans parois); tout au plus avons-nous pu supposer des parois exclusivement verticales (puits de profondeur infinie, n° 10) ou, au contraire, exclusivement horizontales (intégrale de Poisson pour une profondeur constante H, n° 12 *in fine*). Nous avons signalé (n° 10) que, dans le cas de parois quelconques, elles donnent lieu à de graves difficultés et même à des objections.

Il est néanmoins intéressant, pour un vase quelconque, de former l'équation exacte à laquelle doit satisfaire, dans des conditions initiales arbitraires, la dénivellation h de la surface libre ($z = 0$), envisagée comme fonction du temps t et des coordonnées horizontales (x, y) de la particule superficielle : c'est ce qu'a fait M. Hadamard ([2]).

([1]) *Voir* H. VERGNE [1], p. 34.

([2]) J. HADAMARD [1], La méthode de M. Hadamard a été développée par M. G. BOULIGAND [1] et [2].

Il se trouve que cette équation qui régit h est, non plus une équation aux dérivées partielles, mais une équation intégro-différentielle.

Considérons la fonction

$$\psi = \frac{\partial\varphi}{\partial t},$$

elle est, à chaque instant, comme le potentiel des vitesses φ, une fonction harmonique, définie dans tout le domaine fluide, dont la dérivée normale $\frac{d}{dn}$ est nulle sur les parois Σ, et dont la valeur à la surface libre S est précisément h. Si donc on appelle $G(M; P)$ ou $G(\xi, \eta, \zeta; x, y, z)$ la fonction de Green correspondante, c'est-à-dire la fonction harmonique nulle sur S, ayant sa dérivée normale $\frac{d}{dn}$ nulle sur Σ, et devenant, lorsque les deux points $M(\xi, \eta, \zeta)$ et $P(x, y, z)$ coïncident, infinie comme $\frac{1}{MP}$, on a, d'après une formule bien connue relative aux fonctions harmoniques,

$$\psi = \frac{1}{4\pi}\int\int_S h\frac{dG}{dn}\,dS,$$

l'intégrale étant étendue à la surface libre S (¹).

Alors si nous reprenons l'équation

$$(3)\qquad \frac{\partial^2\varphi}{\partial t^2} = \frac{\partial\varphi}{\partial z} \qquad (\text{pour } z = 0)$$

qui est toujours vérifiée à la surface S, et si nous la différentions en t, nous obtenons

$$(25)\qquad \frac{\partial^2 h}{\partial t^2} = \frac{1}{4\pi}\frac{\partial}{\partial z}\int\int_S h\frac{dG}{dn}\,dS;$$

cette équation qui régit la dénivellation h est, bien entendu, comme l'équation (3), exclusivement relative à la surface libre S (²).

(¹) Comme on se borne ici aux petits mouvements, on peut, bien entendu, calculer la fonction de Green G comme si la surface libre était réduite au plan $z = 0$ (comme le montrerait la formule de M. Hadamard pour le calcul de la variation de la fonction de Green).

(²) Il y a lieu toutefois de signaler que dans le cas d'un puits cylindrique de *profondeur infinie* (parois exclusivement verticales), cette équation (25) est vérifiée *à un niveau quelconque*: il en est ainsi, en effet, pour l'équation (3), comme nous l'avons vu au n° 10. Bien entendu, il en est de même pour l'équation du quatrième ordre (14) de M. Boussinesq.

Dans cette équation (25), l'existence des parois Σ n'intervient que par l'intermédiaire de la fonction de Green $G(M, P)$ relative au problème mixte pour le domaine limité par les frontières Σ et S. D'ailleurs, la détermination de cette fonction de Green $G(M, P)$, relative à des données différentes sur les frontières Σ et S, se ramène à la détermination d'une « fonction de Neumann », pour laquelle la donnée est partout la dérivée normale $\frac{d}{dn}$ en tous les points de la frontière. Soit, en effet, V_1 le volume obtenu en adjoignant au volume occupé par le liquide son symétrique par rapport au plan S de la surface libre; et soit $\gamma(M, P)$ la fonction de Neumann correspondante; on aura

$$G(M, P) = \gamma(M, P) - \gamma(M, P'),$$

le point P' étant l'image du point P par rapport au plan S (¹).

La dérivée $\frac{dG}{dn}$ qui figure dans la formule (25) est alors

$$\frac{dG}{dn} = \left(\frac{\partial G}{\partial \zeta}\right)_{\zeta=0} = 2\left(\frac{\partial \gamma}{\partial \zeta}\right)_{\zeta=0}.$$

D'ailleurs, on peut écrire

$$\gamma(M, P) = \frac{1}{MP} + H(M, P) = \frac{1}{r} + H(M, P),$$

$H(M, P)$ étant une fonction analytique holomorphe par rapport aux coordonnées de M et de P, même lorsque ces deux points coïncident pourvu qu'ils ne s'approchent pas simultanément de la courbe C intersection de S et de Σ.

Par suite,

$$\begin{aligned}\frac{\partial \gamma}{\partial \zeta} &= \frac{\partial \frac{1}{r}}{\partial \zeta} + \frac{\partial H}{\partial \zeta}\\ &= -\frac{\partial \frac{1}{r}}{\partial z} + \frac{\partial H}{\partial \zeta}.\end{aligned}$$

(¹) Le calcul de G pourra ainsi toujours s'effectuer par la méthode de Neumann (*voir* J. HADAMARD, *Leçons sur la propagation des ondes*, Chap. I). Si les parois ont des directions quelconques, la frontière de V_1 présentera une arête anguleuse le long de la courbe C commune à S et Σ; ce n'est pas une difficulté essentielle puisque la méthode de Neumann continue à s'appliquer. Mais lorsque les parois sont verticales en chaque point de C, cette ligne anguleuse disparaît et la méthode de Fredholm est immédiatement applicable.

L'équation (25) s'écrit donc

$$2\pi\frac{\partial^2 h}{\partial t^2} = -\frac{\partial^2}{\partial z^2}\int\int_S \frac{h}{r}\,dS + \int\int_S h\left(\frac{\partial^2 H}{\partial z\,\partial\zeta}\right)_{z=\zeta=0} dS.$$

Dans cette équation relative à la surface libre $S(z=0)$, explicitons les coordonnées (x, y) et (ξ, η) des points P et M dont r est la distance; (x, y) seront les variables de dérivation. (ξ, η) seront les variables d'intégration $(dS = d\xi\,d\eta)$. L'expression $\left(\frac{\partial^2 H}{\partial z\,\partial\zeta}\right)_{z=\zeta=0}$ est une fonction bien déterminée $F(\xi, \eta; x, y)$ des deux points superficiels M et P. Il vient donc

$$(26)\quad 2\pi\frac{\partial^2 h(x, y, t)}{\partial t^2} = \left(\frac{\partial^2}{\partial x^2} - \frac{\partial^2}{\partial y^2}\right)\int\int_S \frac{h(\xi, \eta, t)}{r}\,dS + \int\int_S h(\xi, \eta, t)\,F(\xi, \eta; x, y)\,dS.$$

Telle est l'équation intégro-différentielle de M. Hadamard qui régit, pour un vase à parois quelconques, la dénivellation superficielle h.

Dans le cas particulier d'un vase hémisphérique, le volume appelé V_1 est une sphère pour laquelle la fonction de Neumann est connue. Sur cet exemple, M. Hadamard reconnaît que $\frac{\partial^2 h}{\partial t^2}$ est, en général, logarithmiquement infini au voisinage de la courbe C, même lorsque h est fini. Il en résulte que les solutions admettent, le long de cette courbe, des singularités dont la nature reste à étudier.

L'équation intégro-différentielle (26) se simplifie dans le cas d'un bassin sans parois, indéfini tant horizontalement qu'en profondeur. La fonction de Green $G(M, P)$ se réduit alors à

$$G(M, P) = \frac{1}{MP} - \frac{1}{MP'},$$

le point P' étant toujours le symétrique de P par rapport au plan S, et l'équation (26) s'écrit simplement

$$(27)\quad \frac{\partial^2 h(x, y, t)}{\partial t^2} = \frac{1}{2\pi}\left(\frac{\partial^2}{\partial x^2} + \frac{\partial^2}{\partial y^2}\right)\int\int_S \frac{h(\xi, \eta, t)}{r}\,dS.$$

Il y a lieu de remarquer en passant que cette équation est vérifiée par la dénivellation h, non seulement sur le plan de surface libre, mais aussi *sur un plan horizontal quelconque;* il en est ainsi, en effet, pour l'équation (3) dont elle est une conséquence ([1]).

Il y a lieu de se demander immédiatement si cette équation (27) donne l'équation aux dérivées partielles du quatrième ordre qui a joué un si grand rôle dans la méthode de M. Boussinesq. Pour reconnaître qu'il en est bien ainsi, introduisons une variable auxiliaire indépendante z, et posons

$$\psi(x, y, z, t) = -\frac{1}{2\pi}\frac{\partial}{\partial z}\int\int_S \frac{h(\xi, \eta, t)}{\sqrt{(x-\xi)^2+(y-\eta)^2+z^2}}\,d\xi\,d\eta;$$

nous reconnaissons que ψ n'est autre que la fonction harmonique de x, y, z qui s'annule à l'infini et prend sur le plan $z=0$ les valeurs $-h(x, y, t)$; donc ψ coïncide dans tout le fluide avec la fonction harmonique $-\frac{\partial\varphi}{\partial t} = -h(x, y, z, t)$

$$\psi(x, y, z, t) = -h(x, y, z, t).$$

D'autre part, l'équation (27) s'écrit (à la surface libre)

$$\frac{\partial^2 h}{\partial t^2} = \left(\frac{\partial\psi}{\partial z}\right)_{z=0}.$$

Donc, en posant

$$\theta = \frac{\partial^2\psi}{\partial t^2} + \frac{\partial\psi}{\partial z},$$

θ est une fonction harmonique qui s'annule à la surface libre et à l'infini, donc qui est identiquement nulle. Faisons la combinaison

$$\frac{\partial^2\theta}{\partial t^2} - \frac{\partial\theta}{\partial z} = 0,$$

il vient, puisque $\psi = -h$ est une fonction harmonique,

$$\frac{\partial^4 h}{\partial t^4} + \frac{\partial^2 h}{\partial x^2} + \frac{\partial^2 h}{\partial y^2} = 0; \tag{28}$$

([1]) *Cf.* note de la page 33. Ainsi, dans le cas d'une *profondeur infinie* (bassin indéfini ou puits vertical), chaque tranche fluide horizontale oscille, en quelque sorte, pour son propre compte, indépendamment des autres. La pression à un niveau fixe étant constante (note de la page 15) peut être prise comme pression atmosphérique, c'est-à-dire qu'une tranche horizontale quelconque peut être considérée comme surface libre.

c'est l'équation du quatrième ordre de Cauchy-Boussinesq ([1]); de même que l'équation (27), elle est vérifiée à un niveau quelconque.

D'ailleurs, il est à observer que ce calcul ayant nécessité une différentiation, l'équation (28) est certainement plus générale que l'équation (27) : elle admet des solutions étrangères au problème : tel est d'abord le cas de celles qu'on obtient en changeant le signe de l'un des membres de (27) : mais il y en a une infinité d'autres, puisque dans (28) on peut se donner arbitrairement h et ses trois premières dérivées par rapport à t pour $t = 0$, tandis qu'en vertu de (27), le problème est déterminé par la donnée de h et de $\frac{\partial h}{\partial t}$ (c'est-à-dire par la forme initiale de la surface et les vitesses de ses différents points).

Revenons à l'équation (26), relative à un vase à parois quelconques, mais valable seulement à la surface libre. Ici encore la question se pose de savoir si la dénivellation superficielle h vérifie une équation aux dérivées partielles analogue à (28).

Or, M. Hadamard a montré que pour les solutions h, qui sont telles (à l'instant considéré) que $\frac{\partial^2 h}{\partial t^2}$ soit régulier le long de la courbe C, l'équation (26) entraînait la suivante

$$\frac{\partial^4 h}{\partial t^4} + \frac{\partial^2 h}{\partial x^2} + \frac{\partial^2 h}{\partial y^2} = \int\int_S h(\xi, \eta, t) K(\xi, \eta; x, y)\, dS,$$

où K est une certaine fonction des deux points $M(\xi, \eta)$ et $P(x, y)$ symétrique par rapport à ces deux points. Si donc cette fonction K n'est pas identiquement nulle, h ne vérifie, pour le liquide limité par des parois, aucune équation aux dérivées partielles analogue à celle de Cauchy-Boussinesq. Or il est certain que la fonction K n'est pas nulle dans le cas général, car M. Bouligand a démontré ([2]) qu'elle ne l'est pas pour le vase hémisphérique.

Signalons encore ici une autre contribution importante apportée par M. Bouligand au problème actuel ([3]). Il a étudié les conditions de validité du calcul précédent et la ligitimité du procédé de linéari-

---

([1]) Cette équation (28), nous l'avions écrite pour le potentiel des vitesses φ; elle est évidemment vraie aussi pour la dénivellation $h = \frac{\partial \varphi}{\partial t}$.

([2]) G. Bouligand [1].

([3]) G. Bouligand [2].

sation du problème. Il est nécessaire de supposer que la véritable surface libre conserve partout avec le plan xOy un voisinage suffisant et qui interdit notamment à cette surface libre de présenter des arêtes vives (soit en creux, soit en saillie). Au voisinage d'une telle arête, le calcul précédent tombe en défaut : il ne permet d'obtenir une approximation de l'accélération $\frac{\partial^2 h}{\partial t^2}$ que sur une plage de la surface libre excluant un certain voisinage des arêtes, Pareillement faudra-t-il exclure un certain voisinage de la courbe C intersection de la surface libre S et de la paroi Σ. On peut dire que cette courbe C joue un rôle analogue à celui des arêtes éventuelles de S (ou même un rôle plus complexe) : on le reconnaît sur le cas particulier d'un bassin limité par une seule paroi plane (et verticale) indéfinie Π; si la véritable surface libre n'est pas partout normale à cette paroi, le bassin (indéfini en tous sens) obtenu en adjoignant au bassin donné son symétrique par rapport au plan Π, présentera une surface libre ayant une arête dans le plan Π. Sur ce cas particulier, étudié au moyen des équations complètes (et non plus linéarisées), M. Bouligand reconnaît ce fait important : les singularités qui apparaissent sur l'équation linéarisée de M. Hadamard pour le voisinage de la courbe C ne correspondent nullement à celles qui se présentent dans le problème complet.

M. Hadamard a étudié aussi par ailleurs le cas particulier d'un bassin horizontalement indéfini et de profondeur *finie*, mais constante H ([1]); la méthode des images lui permet de former la fonction de Green. Il reconnaît que, si H est infiniment petit (et si les variations de h ne sont pas très rapides), l'équation intégro-différentielle (26) entraîne l'équation aux dérivées partielles classique de Lagrange

$$\frac{\partial^2 h}{\partial t^2} = \mathrm{H}\left(\frac{\partial^2 h}{\partial x^2} + \frac{\partial^2 h}{\partial y^2}\right);$$

supposant ensuite H fini et h indépendant de y (problème plan), puis admettant une propagation de vitesse constante V, de telle sorte que $h = f(x - \mathrm{V}t)$, il se trouve amené à l'étude d'une certaine équation intégrale.

Ajoutons en terminant que la méthode de M. Hadamard, pour le

([1]) J. Hadamard [2].

vase quelconque, permettrait (à l'aide des formules qu'il a données pour le calcul de la variation de la fonction de Green dans une déformation infinitésimale de la frontière) une mise en équation relativement simple des mouvements *finis* (et non plus infiniment petits) de la surface libre.

CHAPITRE II.

OSCILLATIONS PROPRES D'UN LIQUIDE PESANT DANS UN VASE.

15. Nous abordons maintenant la recherche du potentiel des vitesses $\varphi(x, y, z, t)$ pour un liquide pesant renfermé dans un vase de forme quelconque lorsque le mouvement est *périodique* par rapport au temps : nous cherchons donc des solutions de la forme

$$\varphi(x, y, z, t) = \Phi(x, y, z) \begin{matrix}\sin\\ \cos\end{matrix} \sqrt{k}\,t. \tag{29}$$

Nous verrons que, pour une infinité dénombrable de valeur de k, il existe de telles solutions : elles correspondent aux diverses oscillations propres harmoniques.

Nous nous placerons tout d'abord, surtout pour simplifier le langage et l'écriture, dans le cas du mouvement plan à deux dimensions; nous prenons toujours pour plan des xz le plan parallèlement auquel se fait le mouvement (qui est alors indépendant de y), l'axe des z vertical vers le bas, l'axe des x coïncidant avec la surface libre du liquide au repos (*fig.* 1).

Il s'agit de former une fonction

$$\varphi(x, z, t) = \Phi(x, z) \begin{matrix}\sin\\ \cos\end{matrix} \sqrt{k}\,t \tag{30}$$

définie dans le domaine limité par les parois Σ et la surface libre S et satisfaisant aux conditions que nous avons déjà écrites [1].

Équation indéfinie :

$$\Delta\varphi = \frac{\partial^2\varphi}{\partial x^2} + \frac{\partial^2\varphi}{\partial y^2} = 0. \tag{1}$$

---

[1] Bien entendu, nous négligeons toujours les carrés et produits des déplacements et des vitesses, et nous faisons, comme plus haut, $g = 1$.

Conditions aux limites :

$$(2) \qquad \frac{d\varphi}{dn} = 0 \qquad \text{(sur la paroi } \Sigma\text{)},$$

$$(3) \qquad \frac{\partial\varphi}{\partial z} - \frac{\partial^2\varphi}{\partial t^2} = 0 \qquad \text{(sur la surface libre S)}.$$

Nous voulons pour φ une solution de la forme (30); par conséquent, ces équations nous donnent, pour déterminer la fonction $\Phi(x, z)$, les conditions suivantes :

$$(\text{I}) \quad \begin{cases} \text{Équation indéfinie} \ldots\ldots & \Delta\Phi = \dfrac{\partial^2\Phi}{\partial x^2} + \dfrac{\partial^2\Phi}{\partial z^2} = 0 \\ \text{Conditions aux limites :} \begin{cases} \text{parois } \Sigma \ldots & \dfrac{d\Phi}{dn} = 0 \\ \text{surface S} \ldots & \dfrac{\partial\Phi}{\partial z} + k\Phi = 0 \end{cases} \end{cases}$$

Pour donner une forme unique aux conditions aux limites, appelons $\mathcal{C}$ le contour total formé par Σ et S : c'est la frontière du domaine d'existence de la fonction harmonique cherchée $\Phi(x, z)$; appelons $c(s)$ une fonction du point quelconque s de ce contour, fonction qui sera nulle si s est sur les parois Σ et qui sera égale à 1 si s est sur la surface horizontale S (il y a lieu de remarquer que cette fonction $c(s)$ n'est jamais négative). Nous aurons alors, en tout point du contour frontière $\mathcal{C}$,

$$\frac{d\Phi}{dn} = -k\,c(s)\Phi$$

et le système (I) s'écrit

$$(\text{I } bis) \quad \begin{cases} \text{Equation indéfinie} \ldots\ldots & \Delta\Phi = 0 \\ \text{Condition au contour} \ldots & \dfrac{d\Phi}{dn} = -kc\Phi \end{cases}$$

Or le problème défini par ces conditions (I *bis*) est bien connu en Physique mathématique; c'est, par exemple, le problème des températures stationnaires du vase (supposé solide et isotrope) dont la frantière $\mathcal{C}$ rayonne vers un espace à température zéro, le coefficient de rayonnement étant $(-kc)$. Donc nous prévoyons que lorsque ce coefficient de rayonnement sera positif, nous n'aurons pas d'autre solution que $\Phi = 0$, mais que pour certaines valeurs *positives* de k, nous aurons pour le système (I *bis*) des solutions non nulles, correspondant aux diverses oscillations propres harmoniques du liquide.

Il est facile de démontrer ce fait rigoureusement dans le cas d'un contour $\mathcal{C}$ *sans singularités*, c'est-à-dire en laissant de côté la difficulté provenant de ce que la frontière présente deux points anguleux (intersections de Σ et de S). Suivant une méthode indiquée par M. E. Picard (*Annales de l'École Normale supérieure*, t. XXIII, p. 507), on cherchera à résoudre le système (I *bis*) en mettant Φ sous la forme d'un potentiel de simple couche; il se trouve que la densité de cette simple couche doit satisfaire à une certaine équation de Fredholm, dont le *noyau* dépend linéairement de k; cette équation de Fredholm est, comme le système (I *bis*) dont elle provient, homogène (sans *second membre*). Si donc k est quelconque, elle n'admet pas d'autre solution que *zéro*; mais on montre [1], en suivant la théorie classique de l'équation de Fredholm homogène, que pour certaines valeurs *singulières* de k, elle admet des solutions non nulles, fournissant par suite aussi des solutions non nulles pour le système (I *bis*).

Ces valeurs singulières de k sont toutes les racines d'une certaine équation transcendante entière en k, et l'on démontre que toutes ces racines sont *simples*, *réelles* et *positives* et en *nombre infini*.

Ainsi donc, abstraction faite de la difficulté, relative aux points anguleux du contour, nous pouvons dire qu'il existe une suite *indéfinie* de valeurs positives

$$k_1, \quad k_2, \quad k_3, \quad \ldots, \quad k_i, \quad \ldots,$$

auxquelles correspondent des solutions

$$\Phi_1, \quad \Phi_2, \quad \Phi_3, \quad \ldots, \quad \Phi_i, \quad \ldots,$$

pour le système (I *bis*) ou (I) [2]. Chaque fonction

$$\Phi_i \frac{\sin}{\cos} \sqrt{k_i}\, t$$

représente le potentiel des vitesses d'une oscillation propre.

---

[1] H. VERONE [1], p. 57 et suiv.

[2] Ces solutions Φ ne sont d'ailleurs évidemment déterminées qu'à un facteur constant près puisque le système (I *bis*) ou (I) est homogène.

Il est clair que des considérations entièrement analogues s'appliquent au mouvement à trois dimensions pour un liquide renfermé dans un vase de forme quelconque. La difficulté relative aux points anguleux du contour est remplacée par la suivante : la surface frontière présentera une arête anguleuse C (intersection de Σ et de S) formant une courbe fermée en chaque point de laquelle elle admettra deux plans tangents distincts. Cette difficulté (d'ailleurs très grave) mise à part, nous pouvons considérer comme établie l'existence d'une infinité d'oscillations propres, dont le potentiel a la forme (29).

16. Étude d'une oscillation propre simple [1]. — Considérons l'oscillation harmonique simple dont le potentiel est

$$\varphi(x, y, z, t) = \Phi(x, y, z) \cos\sqrt{k}\, t.$$

Nous avons pour composantes de la vitesse d'une particule

$$u = \frac{\partial\Phi}{\partial x}\cos\sqrt{k}\, t, \qquad v = \frac{\partial\Phi}{\partial y}\cos\sqrt{k}\, t, \qquad w = \frac{\partial\Phi}{\partial z}\cos\sqrt{k}\, t;$$

et pour composantes du déplacement ou élongation

$$\xi = \frac{1}{\sqrt{k}}\frac{\partial\Phi}{\partial x}\sin\sqrt{k}\, t, \qquad \eta = \frac{1}{\sqrt{k}}\frac{\partial\Phi}{\partial y}\sin\sqrt{k}\, t, \qquad \zeta = \frac{1}{\sqrt{k}}\frac{\partial\Phi}{\partial z}\sin\sqrt{k}\, t.$$

Dans ces formules, nous pouvons, puisque les oscillations sont supposées petites, traiter les coefficients $\frac{\partial\Phi}{\partial x}, \frac{\partial\Phi}{\partial y}, \frac{\partial\Phi}{\partial z}$ comme des *constantes*, en y remplaçant les coordonnées actuelles x, y, z de chaque particule par ses coordonnées moyennes (qui correspondent à l'état d'équilibre). Nous voyons donc que les particules sont animées, autour de leur position moyenne, d'un mouvement oscillatoire *rectiligne*, qu'elles passent toutes ensemble par leur position d'équilibre (pour $\sin\sqrt{k}\,t = 0$), et qu'elles voient toutes ensemble leur vitesse s'annuler (pour $\cos\sqrt{k}\,t = 0$).

Portons notre attention sur la dénivellation *superficielle* toujours

[1] Pour toutes les questions étudiées dans les paragraphes suivants, on consultera l'Ouvrage de H. Bouasse (1, Chap. III et IV), où elles sont traitées avec détails, tant au point de vue mathématique qu'expérimental.

donnée par l'équation (2)',

$$h = \left(\frac{\partial\varphi}{\partial t}\right)_{z=0} = -\sqrt{k}\,\Phi(x, y, 0)\sin\sqrt{k}\,t.$$

La surface libre réelle dérive donc de la surface fixe $h = \Phi(x, y, 0)$, par multiplication de ses ordonnées par un même facteur sinusoïdal en t. Dans le plan $z = 0$, les courbes $\Phi(x, y, 0) = \text{const.}$ peuvent être appelées lignes de même amplitude verticale [1]; en particulier, les courbes $\Phi(x, y, 0) = 0$ sont dites *lignes nodales*, leur déplacement vertical est toujours nul. Les trajectoires orthogonales des courbes $\Phi = \text{const.}$ ont pour équation

$$\frac{dx}{\frac{\partial\Phi}{\partial x}} = \frac{dy}{\frac{\partial\Phi}{\partial y}} \quad \text{ou} \quad \frac{dx}{u} = \frac{dy}{v},$$

elles peuvent être appelées lignes de courant [2]. Un point du plan pour lequel $\frac{\partial\Phi}{\partial x}$ et $\frac{\partial\Phi}{\partial y}$ s'annulent ensemble correspond, en général, pour la surface libre, à un sommet (ou creux), ou à un col ; en un tel point, les lignes de même amplitude verticale et les lignes de courant présentent la disposition, bien connue en topographie, pour les lignes de niveau et les lignes de plus grande pente.

17. Combinaison de deux oscillations simples de même période. — Il peut arriver — et il arrive — qu'à une même valeur singulière de k correspondent deux (ou plusieurs) fonctions $\Phi(x, y, z)$ distinctes. Cela veut dire que le vase considéré présente deux (ou plusieurs) oscillations propres de formes différentes, mais de même période $\frac{2\pi}{\sqrt{k}}$. Étudions maintenant ce cas.

En premier lieu superposons deux oscillations *en concordance de phase* : c'est-à-dire Φ_1 et Φ_2 étant deux fonctions correspondant à la même valeur de k, prenons pour potentiel des vitesses

$$\varphi(x, y, z, t) = (\lambda\Phi_1 + \mu\Phi_2)\sin\sqrt{k}\,t,$$

---

(1) Ce sont les projections horizontales des lignes de niveau de la surface

$$h = \Phi(x, y, 0).$$

(2) Ce sont les projections horizontales des lignes de plus grande pente de la surface

$$h = \Phi(x, y, 0).$$

γ et μ étant deux coefficients quelconques. Suivant la valeur du rapport $\frac{\mu}{\lambda}$ (qui peut varier de $-\infty$ à $+\infty$), on voit que la ligne nodale correspondante peut varier d'une façon continue, pour une même valeur de la période.

En second lieu, superposons deux oscillations *dont les phases diffèrent de* $\frac{\pi}{2}$: c'est-à-dire prenons pour potentiel des vitesses

$$\varphi_1(x, y, z, t) = \Phi(x, y, z) \sin\sqrt{k}\,t + \Phi_2(x, y, z) \cos\sqrt{k}\,t.$$

Le mouvement d'une particule quelconque résulte cette fois de la superposition de deux oscillations rectilignes de même période *non en phase;* la trajectoire est donc généralement une ellipse (ayant pour centre la position d'équilibre), et la vitesse ne s'annule jamais.

La dénivellation *superficielle* $h = \left(\frac{\partial\varphi}{\partial t}\right)_{z=0}$ peut s'écrire

$$h = \mathrm{A}\cos(\sqrt{k}\,t + \psi)$$

en posant

$$\mathrm{A}^2 = k[\Phi_1^2(x, y, 0) + \Phi_2^2(x, y, 0)], \qquad \tan\!g\,\psi = \frac{\Phi_2(x, y, 0)}{\Phi_1(x, y, 0)}.$$

Dans le plan $z = 0$, les lignes de même amplitude verticale ont pour équation $\mathrm{A} = \text{const.}$ La phase du mouvement ici n'est pas partout la même, elle varie d'un point à l'autre, et il existe à la surface des lignes « isophases » appelées aussi *lignes cotidales*, ayant pour équation $\psi = \text{const.}$; tous les points d'une telle ligne voient ensemble passer l'amplitude verticale maxima (ou minima). Si, en un point de la surface libre, $\Phi_1(x, y, 0)$ et $\Phi_2(x, y, 0)$ s'annulent simultanément, la dénivellation verticale en ce point est constamment nulle et la phase y est indéterminée. Un tel point est appelé point nodal ou *point amphidromique :* toutes les lignes cotidales passent par le point amphidromique autour duquel elles rayonnent, et la dénivellation h se propage en tournant autour de ce point avec une vitesse angulaire généralement variable ([1]).

Nous nous rendrons aisément compte de cette propagation, en

([1]) La notion de point amphidromique et de lignes cotidales joue un rôle très important dans l'étude des Marées. *Voir*, par exemple, H. Poincaré [1], p. 365 et suiv. E. Fichot [1], p. 128 et suiv.

transportant l'origine des coordonnées au point amphidromique et en y prenant des coordonnées (obliques) tangentes aux lignes $\Phi_1 = 0$ et $\Phi_2 = 0$; nous bornant au voisinage immédiat du point amphidromique, nous réduisons Φ_1 et Φ_2 à leurs parties linéaires (supposées non nulles)

$$\Phi_1 = \alpha x, \qquad \Phi_2 = \beta y;$$

et la dénivellation h prendra la forme

$$h = \sqrt{k(\alpha^2 x^2 + \beta^2 y^2)} \cos\left(\sqrt{k}\, t + \operatorname{arc\,tang} \frac{\beta y}{\alpha x}\right);$$

les lignes de même amplitude verticale sont des ellipses concentriques au point amphidromique, et les lignes cotidales sont les droites issues de ce point; en deux points diamétralement opposés, tangψ a la même valeur et la phase diffère de π; lorsque l'amplitude est maxima en un de ces points, elle est minima à l'autre.

18. **Auge de profondeur constante.** — Le cas d'une auge de profondeur finie, mais constante H, est facile à traiter directement. Les parois Σ sont constituées d'une part par le fond qui est le plan horizontal $z = H$, et, d'autre part, par un cylindre vertical (de section droite S quelconque). Prenons le potentiel des vitesses (29) sous la forme

$$(29') \qquad \varphi(x, y, z, t) = \operatorname{ch} k'(H - z)\, \Phi(x, y) \begin{matrix}\sin\\ \cos\end{matrix} \sqrt{k}\, t;$$

il doit satisfaire aux équations générales (1), (2), (3) du problème. L'équation indéfinie (1) de Laplace s'écrit ici

$$(31) \qquad \frac{\partial^2 \Phi}{\partial x^2} + \frac{\partial^2 \Phi}{\partial y^2} + k'^2 \Phi = 0,$$

elle doit être satisfaite par la fonction de *deux* variables $\Phi(x, y)$. La condition (2) d'annulation de la dérivée normale est satisfaite d'elle-même au fond $z = H$; elle sera satisfaite aussi sur les parois cylindriques verticales, si la fonction $\Phi(x, y)$ est telle que $\frac{d\Phi}{dn} = 0$ en tout point du contour C qui limite la section droite S. La condition (3) à la surface libre $z = 0$ s'écrit

$$(32) \qquad k = k' \operatorname{th}(k' H),$$

c'est une relation qui doit avoir lieu entre les constantes k et k'.

Finalement, il faudra déterminer toutes les valeurs de k' pour lesquelles l'équation (31) admet des solutions $\Phi(x, y)$ non identiquement nulles, définies dans l'aire S et ayant leur dérivée normale $\frac{d\Phi}{dn}$ nulle au contour C de cette aire. C'est là un problème bien connu de Physique mathématique, et l'on sait qu'il existe une infinité de valeurs positives de k'^2 pour lesquelles il en est ainsi. A chacune de ces valeurs correspond une oscillation propre dont la période $\frac{2\pi}{\sqrt{k}}$ est donnée par la condition (32).

Auge rectangulaire. — Soient $x = \pm a$, $y = \pm b$ les équations des parois verticales. Nous satisferons à l'équation (31) en prenant

$$\Phi = \sin k'x \qquad \text{ou} \qquad \Phi = \cos k'x$$

expressions indépendantes de y. La condition $\frac{d\Phi}{dn} = 0$, au contour C, sera satisfaite aussi si

$$k' = \frac{2p+1}{2}\frac{\pi}{a} \qquad \text{ou} \qquad k' = p\frac{\pi}{a},$$

p étant entier.

Ce potentiel correspond au phénomène bien connu du *clapotis simple* s'effectuant parallèlement au plan vertical des zx (phénomène indépendant de y) entre les deux murs $x = \pm a$. Bien entendu, on peut supprimer ces murs, à condition de supposer que le mouvement se prolonge symétriquement par rapport à eux : on obtient ainsi le clapotis dans un canal de longueur *indéfinie* (et de largeur quelconque $2b$). Si nous prenons

$$p = 0, \qquad k' = \frac{\pi}{2a}, \qquad \Phi = \sin\frac{\pi x}{2a};$$

la condition (32) nous donne, entre la *longueur d'onde* $\lambda = 4a$ et la période $\tau = \frac{2\pi}{\sqrt{k}}$, la relation

$$\frac{1}{\tau^2} = \frac{1}{2\pi\lambda}\,\text{th}\,\frac{2\pi H}{\lambda};$$

si la profondeur H est infiniment grande, la tangente hyperbolique vaut 1, et il vient

$$\tau = \sqrt{2\pi\lambda}.$$

c'est la relation de Gerstner [1], entre la période et la longueur d'onde de la *houle* en eau profonde : on sait, en effet, qu'une houle progressive dans un canal indéfini résulte de la superposition de deux clapotis de même période (donc de même longueur d'onde), présentant entre eux une différence de phase égale à $\frac{\pi}{2}$.

Revenons à l'auge rectangulaire. Outre les clapotis parallèles au plan des zx (phénomène indépendant de y), nous pouvons aussi considérer les clapotis parallèles au plan des yz (phénomène indépendant de x), en prenant

$$\Phi = \sin k'y \qquad \text{ou} \qquad \Phi = \cos k'y$$

avec

$$k' = \frac{2q+1}{2}\,\frac{\pi}{b} \qquad \text{ou} \qquad k' = q\,\frac{\pi}{b},$$

q étant entier.

On voit que si a et b sont égaux (ou commensurables), à une même valeur de k', par suite de k, peuvent correspondre deux fonctions Φ différentes, et l'on pourra se trouver dans le cas du point amphidromique. Dans le cas de l'auge carrée, par exemple ($a = b$), on aura au centre un point amphidromique, en prenant

$$p = q = 0, \qquad k' = \frac{\pi}{2a},$$

et superposant, en décalant leur phase de $\frac{\pi}{2}$, les deux clapotis rectangulaires correspondant à

$$\Phi = \alpha \sin \frac{\pi x}{a} \qquad \text{et} \qquad \Phi = \beta \sin \frac{\pi y}{a}\,;$$

les coefficients α et β proviennent de ce que ces deux clapotis composants peuvent être d'amplitudes différentes. Le potentiel sera alors

$$\varphi = \operatorname{ch} \frac{\pi(H - z)}{2a}\left(\alpha \sin \frac{\pi x}{a} \sin \sqrt{k}\,t - \beta \sin \frac{\pi y}{a} \cos \sqrt{k}\,t\right),$$

formule sur laquelle on vérifie aisément tout ce qui a été dit au n° 17.

Auge circulaire. — Transformons l'équation (31) en coordonnées

---

[1] Cette relation s'écrit habituellement $\tau = \sqrt{\frac{2\pi\lambda}{g}}$; rappelons que nous avons, au début, posé pour simplifier $g = 1$.

polaires r, θ, en prenant pour origine le centre du cercle; elle s'écrit

$$\frac{\partial^2 \Phi}{\partial r^2} + \frac{1}{r}\frac{\partial \Phi}{\partial r} + \frac{1}{r^2}\frac{\partial^2 \Phi}{\partial \theta^2} + k'^2 \Phi = 0.$$

Suivant un procédé classique, nous satisferons à cette équation en prenant

$$\Phi = \frac{\sin}{\cos} q\theta \, J(k'r) \quad (q \text{ entier arbitraire});$$

la fonction J de la seule variable $\rho = k'r$ devra donc satisfaire à

$$\frac{d^2 J}{d\rho^2} + \frac{1}{\rho}\frac{dJ}{d\rho} + \left(1 - \frac{q^2}{\rho^2}\right) J = 0,$$

ce qui conduit à prendre pour $J(\rho)$ la fonction classique de Bessel d'ordre q

$$J(\rho) = J_q(k'r).$$

Enfin, on déterminera les valeurs de k' convenant au problème par la condition $\frac{d\Phi}{dn} = 0$ au contour, qui s'écrit ici (en appelant R le rayon de l'auge)

$$J'_q(k'R) = 0;$$

à chaque valeur de k', l'équation (32) fera correspondre une valeur de k, c'est-à-dire de la période.

Les oscillations propres les plus simples correspondent à $q = 0$ et $q = 1$. Pour $q = 0$, Φ ne dépend pas de θ, le phénomène est de révolution; le centre de la surface libre se soulève et se déprime alternativement, il y a une ou plusieurs lignes nodales (circulaires), correspondant à $J_0(k'r) = 0$ et une ou plusieurs lignes ventrales (circulaires également), correspondant à $J'_0(k'r) = 0$.

Prenons encore le cas de $q = 1$ et choisissons pour k' la plus petite racine de $J'_1(k'R) = 0$. Nous aurons une ligne nodale diamétrale ($\sin\theta = 0$ ou $\cos\theta = 0$) de part et d'autre de laquelle les dénivellations seront de signe contraire. Superposons deux telles oscillations rectangulaires entre elles (l'une avec $\sin\theta$, l'autre avec $\cos\theta$) correspondant à la même valeur de k', en supposant leurs phases décalées de $\frac{\pi}{2}$, l'une par rapport à l'autre (et en leur attribuant, par exemple, même amplitude); nous aurons pour potentiel

$$\varphi = \operatorname{ch} k'(H - z)\, J_1(k'r) \left[\sin\theta \sin\sqrt{k}\,t + \cos\theta \cos\sqrt{k}\,t\right];$$

comme le crochet est égal à $\cos(\sqrt{k}t - \theta)$, nous voyons que le centre est un point amphidromique autour duquel l'onde tourne [avec vitesse angulaire uniforme dans le cas actuel ([1])].

Bien entendu, pour une valeur quelconque de l'entier $q > 1$, nous pourrons encore avoir un point amphidromique au centre : le facteur $\cos(\sqrt{k}t - \theta)$ sera seulement remplacé par $\cos(\sqrt{k}t - q\theta)$, ce qui correspondra à une périodicité d'ordre q autour de l'axe.

Autres cas. — Il y a lieu de signaler que le problème peut être traité d'une manière analogue pour d'autres formes d'auges (triangle équilatéral, hexagone régulier, etc.). On peut aussi, avec Stokes, étudier les oscillations de deux couches de liquides non miscibles superposés ([2]).

Mentionnons aussi spécialement le cas d'un puits cylindrique vertical de profondeur infinie, qui peut évidemment être traité par l'analyse du présent n° 18; il suffit d'y supposer H infini et d'y remplacer dans l'expression (29') du potentiel des vitesses $\operatorname{ch} k'(H - z)$ par $e^{-k'z}$; la condition (32) devient simplement $k = k'$ ([3]).

19. Profondeur variable très petite. — Le cas d'un vase de profondeur variable quelconque (finie) a été étudié aux n^{os} **16** et **17**; nous n'y reviendrons pas. Mais il y a lieu d'examiner spécialement le cas d'une profondeur variable infiniment petite, à cause de sa grande importance pour la théorie des marées et des seiches des lacs ([4]).

Soit H la profondeur très petite; z est également très petit et l'on peut développer φ suivant les puissances croissantes de z,

$$\varphi = \varphi_0 + \varphi_1 z + \varphi_2 z^2 + \ldots, \tag{33}$$

$\varphi_0, \varphi_1, \varphi_2, \ldots$ étant des fonctions de x et de y. Nous allons chercher à déterminer φ_0, c'est-à-dire la valeur de φ à la surface.

La condition $\Delta\varphi = 0$ à l'intérieur du fluide s'écrit, vu l'expres-

---

([1]) Si nous n'avions pas attribué aux deux oscillations simples composantes des amplitudes égales, la vitesse angulaire n'aurait pas été uniforme.

([2]) *Voir* H. BOUASSE [I, Chap. III].

([3]) Le puits vertical infiniment profond, de section droite circulaire, a été étudié autrefois par OSTROGRADSKY (*Savants étrangers*, t. III).

([4]) *Voir*, par exemple, H. POINCARÉ [I, Chap. IV], H. BOUASSE [I, Chap. IV].

sion (33) de φ,

$$\Delta\varphi = (\Delta\varphi_0 + 2\varphi_2) + z(\Delta\varphi_1 + 6\varphi_3) + \ldots = 0;$$

cette condition devant être satisfaite en particulier pour $z = 0$, on devra avoir entre φ_0 et φ_2 la relation

$$\Delta\varphi_0 + 2\varphi_2 = 0.$$

Au fond, on doit avoir

$$(2) \qquad \frac{d\varphi}{dn} = \alpha\frac{\partial\varphi}{\partial x} + \beta\frac{\partial\varphi}{\partial y} + \gamma\frac{\partial\varphi}{\partial z} = 0,$$

α, β, γ étant les cosinus directeurs de la normale au fond ou des quantités proportionnelles à ces cosinus. Or la surface du fond a pour équation

$$z = \mathrm{H} = f(x, y),$$

et les cosinus α, β, γ sont proportionnels à $\frac{\partial \mathrm{H}}{\partial x}$, $\frac{\partial \mathrm{H}}{\partial y}$ et -1.

La condition au fond s'écrit donc :

$$\frac{\partial\varphi}{\partial z} = \frac{\partial \mathrm{H}}{\partial x}\frac{\partial\varphi}{\partial x} + \frac{\partial \mathrm{H}}{\partial y}\frac{\partial\varphi}{\partial y} \qquad (\text{pour } z = \mathrm{H}).$$

D'ailleurs (33) donne

$$\left(\frac{\partial\varphi}{\partial z}\right)_{z=\mathrm{H}} = \varphi_1 + 2\mathrm{H}\varphi_2,$$

en négligeant les termes en z^2 ou en H^2. Donc, la condition au fond s'écrit, en tenant compte de ce que $2\varphi_2 = -\Delta\varphi_0$,

$$(34) \qquad \varphi_1 - \mathrm{H}\,\Delta\varphi_0 = \frac{\partial \mathrm{H}}{\partial x}\frac{\partial\varphi}{\partial x} + \frac{\partial \mathrm{H}}{\partial y}\frac{\partial\varphi}{\partial y}.$$

Or, au fond, $z = \mathrm{H}$, on a, en négligeant H^2,

$$\frac{\partial\varphi}{\partial x} = \frac{\partial\varphi_0}{\partial x} + \mathrm{H}\frac{\partial\varphi_1}{\partial x},$$

et, par suite, au second membre de (34), on peut substituer $\frac{\partial\varphi_0}{\partial x}$, $\frac{\partial\varphi_0}{\partial y}$ à $\frac{\partial\varphi}{\partial x}$, $\frac{\partial\varphi}{\partial y}$, à condition toutefois de supposer que les dérivées de H sont également très petites. Il vient donc entre φ_0 et φ_1 la relation

$$(35) \qquad \varphi_1 = \mathrm{H}\,\Delta\varphi_0 + \frac{\partial \mathrm{H}}{\partial x}\frac{\partial\varphi_0}{\partial x} + \frac{\partial \mathrm{H}}{\partial y}\frac{\partial\varphi_0}{\partial y} = \frac{\partial}{\partial x}\left(\mathrm{H}\frac{\partial\varphi_0}{\partial x}\right) + \frac{\partial}{\partial y}\left(\mathrm{H}\frac{\partial\varphi_0}{\partial y}\right).$$

Il reste à tenir compte de la condition à la surface libre

$$(3)\qquad \frac{\partial^2 \varphi}{\partial t^2} = \frac{\partial \varphi}{\partial z} \qquad (\text{pour } z = 0),$$

c'est-à-dire

$$\frac{\partial^2 \varphi_0}{\partial t^2} = \varphi_1$$

ou, en tenant compte de (35),

$$\frac{\partial^2 \varphi_0}{\partial t^2} = \frac{\partial}{\partial x}\left(\mathrm{H}\frac{\partial \varphi_0}{\partial x}\right) + \frac{\partial}{\partial y}\left(\mathrm{H}\frac{\partial \varphi_0}{\partial y}\right).$$

Telle est l'équation aux dérivées partielles à laquelle doit satisfaire la fonction $\varphi_0(x, y, t)$. Si nous voulons des solutions harmoniques de la forme

$$\varphi_0 = \Phi(x, y) \begin{matrix}\sin\\ \cos\end{matrix} \sqrt{k}\, t,$$

la fonction de deux variables $\Phi(x, y)$ devra satisfaire à l'équation

$$(36)\qquad \frac{\partial}{\partial x}\left(\mathrm{H}\frac{\partial \Phi}{\partial x}\right) + \frac{\partial}{\partial y}\left(\mathrm{H}\frac{\partial \Phi}{\partial y}\right) + k\Phi = 0.$$

Il faudra, en outre, que Φ satisfasse aux conditions aux limites de l'aire plane du bassin. Si le vase se termine par des parois verticales, la condition aux limites est

$$\frac{d\Phi}{dn} = 0;$$

mais, dans le cas général où la paroi est inclinée, cette condition ne donne plus rien (car il faudrait introduire les dérivées de φ par rapport à z). La condition aux limites est alors que Φ doit rester finie : c'est bien là une condition et il est nécessaire de l'énoncer, car on peut montrer que la solution générale est alors infinie.

Bref, les valeurs de k, correspondant aux oscillations propres harmoniques du bassin, seront celles pour lesquelles l'équation (36) admet des solutions restant finies aux bords du bassin. La dénivellation superficielle h sera toujours donnée par la formule

$$(2')\qquad h = \left(\frac{\partial \varphi}{\partial t}\right)_{z=0} = \frac{\partial \varphi_0}{\partial t}$$

ou

$$h = \pm\sqrt{k}\,\Phi(x, y) \begin{matrix}\cos\\ \sin\end{matrix} \sqrt{k}\, t.$$

Canal de largeur constante. — Pour montrer, sur un cas particulièrement simple, l'application de la méthode précédente, considérons un canal de largeur constante, mais de profondeur H variable (très petite), limité à ses deux extrémités par des parois inclinées où H s'annule. Prenant l'axe des y dans le sens de la largeur et l'axe des x dans le sens de la longueur, H et Φ ne dépendront plus de y et l'équation (36) s'écrira

$$\frac{d}{dx}\left(\mathrm{H}\frac{d\Phi}{dx}\right)+k\Phi=0;$$

dérivant cette équation par rapport à x, et posant

$$\mathrm{P}(x)=\mathrm{H}\frac{d\Phi}{dx},$$

elle devient

$$\frac{d^2\mathrm{P}}{dx^2}+\frac{k}{\mathrm{H}}\mathrm{P}=0.$$

Il faudra déterminer les valeurs de k pour lesquelles cette équation différentielle ordinaire admet des solutions P non identiquement nulles, s'*annulant* aux deux extrémités du canal. Le problème peut être poussé jusqu'au bout pour des formes simples du fond (telles que la forme parabolique, par exemple).

Dans un important travail théorique sur les seiches, G. Chrystal [1] a traité un assez grand nombre de cas intéressants, dont certains permettent la discussion théorique des oscillations propres effectivement constatées dans les lacs.

20. Loi de similitude. — Considérons un vase V de forme quelconque, et soit, pour ce vase, une oscillation propre ayant pour potentiel des vitesses

$$\varphi(x,y,z,t)=\Phi(x,y,z)\sin\sqrt{k}\,t; \tag{29}$$

la période de cette oscillation propre est

$$\tau=\frac{2\pi}{\sqrt{k}},$$

et Φ est une fonction harmonique dont la dérivée normale $\frac{d\Phi}{dn}$ est

(1) G. Chrystal [1].

nulle aux parois Σ du vase et qui satisfait à la surface libre S à l'équation

$$\frac{\partial\Phi}{\partial z} - k\Phi = 0;$$

ce sont là les conditions (1) du n° 15.

Considérons maintenant un second vase V' *semblable* à V, le rapport de similitude étant α. Appelons, pour ce nouveau vase, x', y', z' les coordonnées

$$x' = \alpha x, \qquad y' = \alpha y, \qquad z' = \alpha z;$$

cherchons, pour le vase V', une oscillation propre ayant pour potentiel

$$\Phi\left(\frac{x'}{\alpha}, \frac{y'}{\alpha}, \frac{z'}{\alpha}\right) \sin\sqrt{k'}\,t,$$

Φ étant la *même* fonction que pour le vase V. Quelle relation devons-nous pour cela établir entre k et k', c'est-à-dire entre les périodes?

Il est clair que $\Phi\left(\frac{x'}{\alpha}, \frac{y'}{\alpha}, \frac{z'}{\alpha}\right)$ est une fonction harmonique ayant sa dérivée normale $\frac{d\Phi}{dn}$ nulle aux parois Σ' du vase V'. Il reste à satisfaire à la condition à la surface libre

$$\frac{\partial\Phi}{\partial z'} - k'\Phi = 0;$$

elle sera évidemment satisfaite en prenant

$$k' = \frac{k}{\alpha},$$

d'où, pour la période τ',

$$\tau' = \sqrt{\alpha}\,\tau.$$

Nous énonçons donc ce théorème :

Si l'on multiplie toutes les dimensions linéaires d'un vase par un nombre α, les périodes des oscillations propres sont multipliées par $\sqrt{\alpha}$.

Il semble que cette proposition doive avoir une grande importance pour l'étude expérimentale des oscillations propres des lacs (seiches) sur modèles réduits. Malheureusement, les lacs naturels ont toujours des dimensions horizontales d'un ordre de grandeur beaucoup plus grand que leur profondeur verticale, et il est pratiquement impossible de construire un modèle réduisant à la même échelle les distances horizontales et les profondeurs.

Or, il est aisé, *dans le cas d'une profondeur très petite*, de donner du théorème précédent une importante généralisation. Nous avons vu au n° 19 que, pour un bassin de profondeur très petite, les périodes propres $\tau = \frac{2\pi}{\sqrt{k}}$ correspondent aux valeurs de k pour lesquelles l'équation aux dérivées partielles (36) admet des solutions Φ restant finies aux bords. Or, il est évident que cette équation (36) ne change pas si l'on multiplie toutes les dimensions horizontales (c'est-à-dire x, y) par un nombre α, toutes les dimensions verticales (c'est-à-dire H) par un *autre* nombre β et en même temps k par $\frac{\beta}{\alpha^2}$.

Il résulte que, *si*, pour un bassin peu profond, *on multiplie les dimensions horizontales par* α, *les dimensions verticales par* β, *les périodes des oscillations propres sont multipliées par* $\frac{\alpha}{\sqrt{\beta}}$.

Sous cette nouvelle forme, le théorème de similitude est applicable avec succès à l'étude expérimentale des seiches sur modèles réduits ([1]).

21. Retour au problème des ondes par émersion dans un vase de forme quelconque. — Reprenons les résultats du n° 15. Pour un vase de forme quelconque, il existe une suite *indéfinie* de valeurs positives

$$k_1,\ k_2,\ k_3,\ \ldots,\ k_i,\ \ldots,$$

auxquelles correspondent des solutions

$$\Phi_1,\ \Phi_2,\ \Phi_3,\ \ldots,\ \Phi_i,\ \ldots,$$

pour le système (I *bis*) ou (I). On a donc, pour le vase considéré, une infinité d'oscillations propres ayant pour potentiel des vitesses

$$\Phi_i \,{}^{\sin}_{\cos} \sqrt{k_i}\, t.$$

Le problème qui se pose maintenant est de savoir si une oscillation

([1]) *Voir* E. FICHOT [I], p. 102.

quelconque, produite par émersion ou par impulsion, peut être considérée comme étant la superposition d'un nombre fini ou infini d'oscillations propres.

Considérons seulement le cas des ondes par émersion, puisque nous savons (*voir* n° 3) que celui des ondes par impulsion s'y ramène immédiatement. Et, pour simplifier l'exposé, bornons-nous au problème plan à *deux* dimensions. Les *conditions initiales* à satisfaire par le potentiel des vitesses $\varphi(x, z, t)$ sont les suivantes :

$$\varphi = 0, \qquad \frac{\partial\varphi}{\partial t} = f(x) \qquad (\text{pour } t = 0 \text{ et } z = 0), \tag{37}$$

$f(x)$ étant une fonction donnée, représentant la dénivellation superficielle initiale.

Nous essaierons de satisfaire au problème en prenant pour $\varphi(x, z, t)$ une série de la forme

$$\varphi = \sum \frac{c_i}{\sqrt{k_i}} \sin \sqrt{k_i}\, t\, \Phi_i(x, z), \tag{38}$$

dont chaque terme est le potentiel d'une oscillation propre, satisfaisant, par conséquent, à l'équation indéfinie et aux conditions aux limites. Il reste à déterminer les constantes c_i de manière à vérifier les conditions d'état initial (37). La condition $\varphi = 0$ pour $t = 0$ est satisfaite d'elle-même (1). La seconde condition $\frac{\partial\varphi}{\partial t} = f(x)$, pour $t = 0$ et pour $z = 0$, s'écrit

$$\Sigma c_i \Phi_i(x, 0) = f(x). \tag{39}$$

La question revient donc à la légitimité du développement d'une fonction arbitraire donnée $f(x)$ en série de fonctions $\Phi_i(x, 0)$. Or, il est facile de montrer (2) que la suite de fonctions $\Phi_i(x, 0)$ forme un système « orthogonal » et « complet ». On calculera donc les coefficients c_i par la formule de Fourier :

$$c_i \int_S [\Phi_i(x, 0)]^2\, dx = \int_S \Phi_i(x, 0) f(x)\, dx,$$

---

(1) Puisque nous avons pris les solutions avec $\sin\sqrt{k_i}\,t$; les solutions avec $\cos\sqrt{k_i}\,t$ conviendraient au cas des ondes par impulsion.

(2) H. Vergne [1], p. 70-71.

et il résulte alors d'un théorème de MM. Fischer et Riesz ([1]), que si $f(x)$ est une fonction de carré sommable, la série (39) converge *en moyenne* vers $f(x)$ ([2]).

Ce que nous venons de dire du problème plan à deux dimensions peut se répéter, pour ainsi dire sans modifications, pour le problème à trois dimensions. En particulier, dans le cas d'une auge de profondeur constante, de section rectangulaire ou circulaire, la question de convergence n'offrira aucune difficulté, puisqu'il s'agira alors de séries de fonctions trigonométriques ou de fonctions de Bessel.

Un dernier problème se pose. En supposant infinie la profondeur de l'auge, puis faisant croître indéfiniment les côtés de la section rectangulaire ou le rayon de la section circulaire, ces séries se transformeront-elles à la limite dans les intégrales que nous avons données dans la première Partie pour un bassin indéfini en tous sens? La chose est facile à vérifier. Dans le cas d'un bassin rectangulaire dont les côtés croissent indéfiniment, le calcul bien connu qui sert à passer de la *série* de Fourier à l'*intégrale* de Fourier conduira à l'intégrale (10′) de Poisson. Dans le cas d'un bassin circulaire dont le rayon croît indéfiniment, un calcul analogue (en supposant pour simplifier le phénomène de révolution) conduira immédiatement à la formule (11) de Poisson-Lamb.

On retrouve donc, comme il le fallait bien, les formules s'appliquant à un liquide indéfini, comme cas particulier de celles relatives à un liquide renfermé dans un vase de forme quelconque.

BIBLIOGRAPHIE.

Appell (P.), Beghin (H.) et Villat (H.). — I. *Développements d'Hydrodynamique* (*Encyclopédie des Sciences mathématiques*, édition française, t. IV, vol. 5, fasc. 2).

([1]) *Voir* à ce sujet un article de M. P. Levy au *Bulletin des Sciences mathématiques* (2ᵉ série, t. 49, novembre-décembre 1925).

([2]) A la vérité, il conviendrait de démontrer que la série (39) est *uniformément* convergente puisque nous avons dérivé terme à terme la série (38). Il ne faut pas oublier non plus que la difficulté relative aux points anguleux du contour (intersection de la surface libre S avec les parois Σ) n'a pas été levée. Elle correspond aux singularités signalées au n° 14 et étudiées par M. Bouligand.

BOUASSE (H.). — 1. *Houle, Rides, Seiches et Marées* (Paris, 1924).
BOULANGER (A.). — 1. *Hydraulique générale* (Paris, 1909).
BOULIGAND (G.). — 1. *Bulletin de la Société mathématique de France*, 1912, p. 149-180.
2. *Bulletin des Sciences mathématiques*, 2e série, t. 50, avril 1926.
BOUSSINESQ (J.). — 1. *Applications des potentiels à l'étude de l'équilibre et du mouvement des solides élastiques* (Lille, 1885).
2. *Cours d'Analyse infinitésimale*, t. II, fasc. 2 (Paris, 1890).
3. Sur une importante simplification de la Théorie des Ondes que produisent à la surface d'un liquide l'émersion d'un solide ou l'impulsion d'un coup de vent (*Annales de l'École Normale supérieure*, 3e série, t. 27, 1910).
CAUCHY (A.). — 1. Mémoire sur la Théorie des Ondes [*Savants étrangers*, t. I, 1827, et *Œuvres complètes*, t. I (série I)].
CHRYSTAL (G.). — 1. On the hydrodynamical Theory of Seiches [*Transact. of the Royal Society of Edinburgh*, 41 (session 1904-1905), 1906].
CISOTTI (U.). — 1. *Atti della Reale Accademia dei Lincei*, vol. 27, 3 et 17 novembre 1918; vol. 28, 2 mars 1919; vol. 29, 15 février, 7 mars et 11 avril 1920.
FICHOT (E.). — 1. *Les Marées et leur utilisation industrielle* (Paris, 1923).
HADAMARD (J.). — 1. *Comptes rendus de l'Académie des Sciences*, Notes des 7 et 21 mars 1910.
2. *Atti della Reale Accademia dei Lincei*, Note du 4 juin 1916.
LAMB (H.). — 1. *Hydrodynamics*, 3e édition (Cambridge, 1906).
PALATINI (A.). — 1. *Rendiconti del Circolo Matematico di Palermo*, t. 39, 1915, p. 362; t. 40, 1915, p. 162.
POINCARÉ (H.). — 1. *Leçons de Mécanique Céleste*, t. III; *Théorie des Marées* (Paris, 1910).
POISSON (S.). — 1. Mémoire sur la Théorie des Ondes (*Mémoires de l'Académie des Sciences*, t. I, 1816).
RISSER (R.). — 1. Essai sur la Théorie des Ondes par émersion (*Thèse*, Paris, 1925).
ROUSIER (G.). — 1. Ondes par émersion (*Thèse*, Paris, 1908).
VERGNE (H.). — 1. Contribution à la Théorie des Ondes liquides (*Thèse*, Paris, 1909).

TABLE DES MATIÈRES.

PARIS. — IMPRIMERIE GAUTHIER-VILLARS ET Cie
Quai des Grands-Augustins, 55
79181-28

79181-28 Paris. — Imprimerie Gauthier-Villars et Cie, 55, quai des Grands-Augustins.

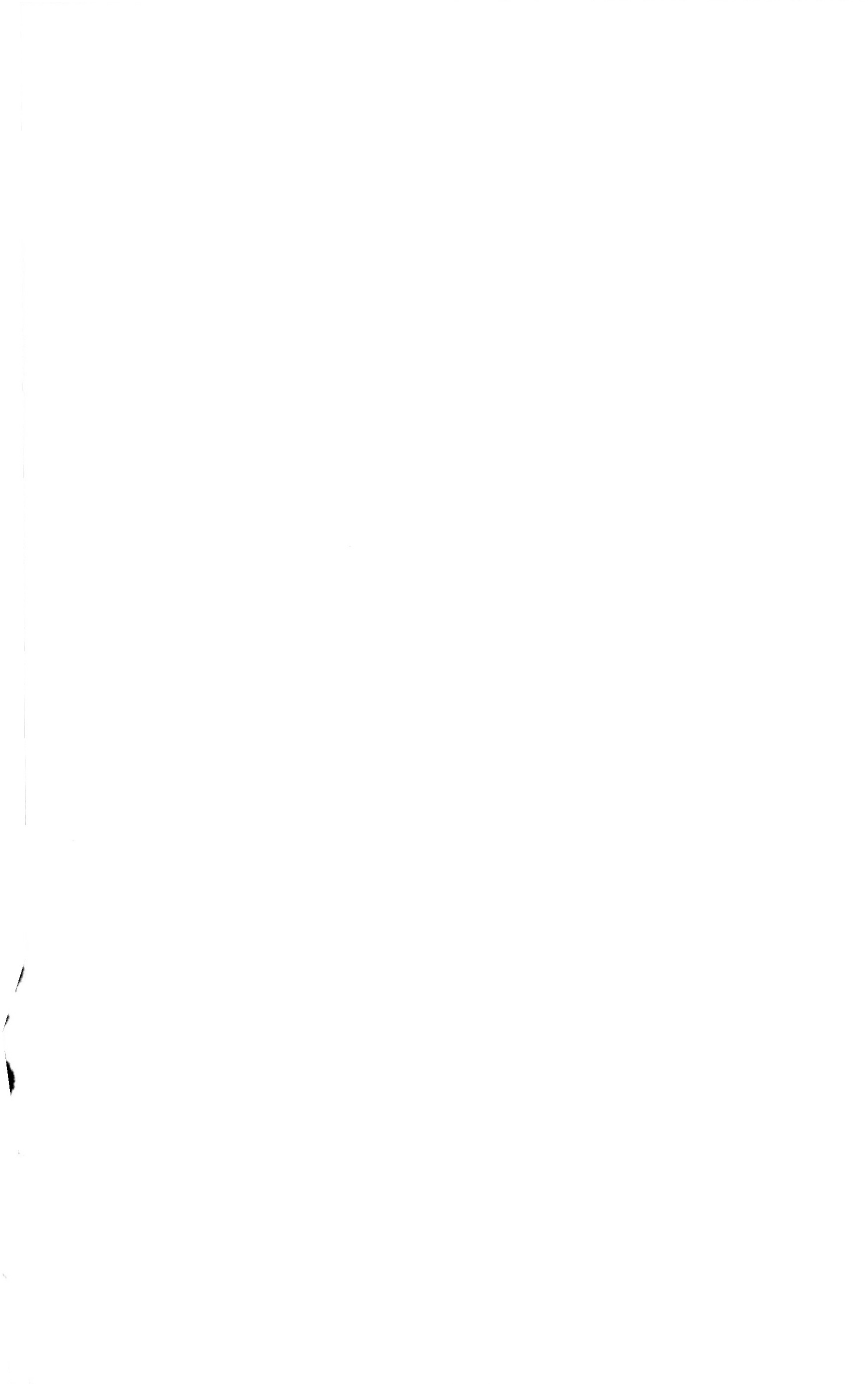

www.ingramcontent.com/pod-product-compliance
Ingram Content Group UK Ltd.
Pitfield, Milton Keynes, MK11 3LW, UK
UKHW022131260726
13993UKWH00003B/1377